高等职业教育新形态一体化教材

电机与拖动项目化教程

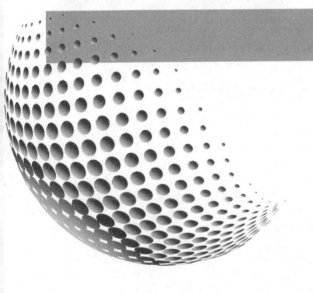

主　编　王　维　王　娜
副主编　张　萌　邹丽媛
　　　　王文静　辛立国

中国水利水电出版社
www.waterpub.com.cn

·北京·

内 容 提 要

本教材为项目任务式一体化教材，主要包含五个项目 25 个任务。项目一为变压器及应用，设置了 5 个任务，从认识变压器入手，依次讲解单相变压器空载运行、单相变压器负载运行、变压器运行特性及三相变压器；项目二为异步电机及应用，设置了 7 个任务，依次讲解认识三相异步电动机、交流绕组及嵌放、三相异步电动机的运行、三相异步电动机的特性、三相异步电动机的起动、三相异步电动机的调速和三相异步电动机的制动；项目三为直流电机及应用，设置了 3 个任务，依次讲解认识直流电机、直流电动机的起动和反转及直流电动机的调速和制动；项目四为其他电机及应用，设置了 5 个任务，依次讲解单相异步电动机及应用、测速发电机及应用、伺服电动机及应用、自整角机及应用和旋转变压器及应用；项目五为三相异步电动机基本控制电路，设置 5 个任务，依次讲解常用低压电器、三相异步电动机直接起动控制线路、三相异步电动机正反转控制线路、三相异步电动机顺序控制和三相异步电动机多地控制。

本教材可作为高职高专电气类、机电类专业的教学用书，亦可作为成人专科、本科教学用书或工程技术人员及自学的参考用书。

图书在版编目（CIP）数据

电机与拖动项目化教程 / 王维，王娜主编. -- 北京：
中国水利水电出版社，2023.6
高等职业教育新形态一体化教材
ISBN 978-7-5226-1499-1

Ⅰ.①电… Ⅱ.①王… ②王… Ⅲ.①电机－高等职业教育－教材②电力传动－高等职业教育－教材 Ⅳ.
①TM3②TM921

中国国家版本馆CIP数据核字(2023)第083331号

书　　名	高等职业教育新形态一体化教材 **电机与拖动项目化教程** DIANJI YU TUODONG XIANGMUHUA JIAOCHENG
作　　者	主　编　王维　王娜 副主编　张萌　邹丽媛　王文静　辛立国
出版发行	中国水利水电出版社 （北京市海淀区玉渊潭南路 1 号 D 座　100038） 网址：www.waterpub.com.cn E-mail：sales@mwr.gov.cn 电话：(010) 68545888（营销中心）
经　　售	北京科水图书销售有限公司 电话：(010) 68545874、63202643 全国各地新华书店和相关出版物销售网点
排　　版	中国水利水电出版社微机排版中心
印　　刷	清淞永业（天津）印刷有限公司
规　　格	184mm×260mm　16 开本　11.5 印张　280 千字
版　　次	2023 年 6 月第 1 版　2023 年 6 月第 1 次印刷
印　　数	0001—2000 册
定　　价	**39.00** 元

凡购买我社图书，如有缺页、倒页、脱页的，本社营销中心负责调换

编　委　会

前言

本教程以学习项目为引领，按照体现工作过程的任务进行编排，融合工作内容、工作过程、职业资格考核内容构建课程内容，满足电力行业企业的发展需要和对应职业岗位对知识、能力、素质的要求。

本教程共分为五个项目。项目一主要介绍变压器的结构、原理、运行特性等；项目二主要介绍异步电动机的结构、运行、特性、起动、调速及制动方法等；项目三主要介绍直流电机的起动、反转、调速与制动方法等；项目四主要介绍单相异步电动机、测速发电机、伺服电动机、自整角机、旋转变压器的原理及应用；项目五主要介绍常见低压电器及三相异步电动机的几种基本控制电路。

本教程由辽宁生态工程职业学院王维、王娜担任主编，张萌、邹丽媛、王文静、辛立国任副主编，全书由王维统稿，由国网辽宁省电力有限公司沈阳供电公司电缆工区主任郑洋、沈阳新生电气集团有限公司总经理李佳佳主审。其中，王维负责编写前言及项目二，王娜负责编写项目五，张萌负责编写项目一，邹丽媛负责编写项目三，王文静负责编写项目四，张萌、辛立国负责项目一的数字资源制作，王维、应文博、李忠智负责项目二的数字资源制作，邹丽媛、王芳负责项目三的数字资源制作，王文静、郭妍负责项目四的数字资源制作，王娜、李爽负责项目五的数字资源制作。

本教程依托供用电技术国家级教学资源库，包含大量数字资源，包括重难点讲解微课、二维动画、实验视频等，使用便捷，阅读体验好，具有较强的教学适用性和针对性。

本教程在编写的过程中，参考了大量相关文献，得到了许多同仁的大力支持和帮助，在此向相关作者表示感谢。由于编者水平有限，时间仓促，书中难免有不足和错漏之处，恳请使用本教程的师生和读者多提宝贵意见。

编者
2023 年 1 月

目录

项目一 变压器及应用

变压器的

项目概述

变压器是一种静止的电气设备。它是电力系统中的重要电气设备，是电力输配电系统的核心装置，同时也是电气控制系统中不可缺少的元器件。它以磁场为媒介，依据电磁感应原理，将一种电压、电流的交流电能转换为同频率的另一种电压、电流的电能。它具有变压、变流和变换阻抗的特性，它的这些特性，使得变压器在电力系统、电工测量、电焊、整流以及电子电路中有着广泛的应用。具备变压器的应用和运行能力，是从事电气运行与维护、设备安装于试验等相关岗位的能力要求之一。通过本项目的实施，应能使学生掌握变压器的基本知识，具备变压器的应用和运行能力。本项目按五个任务实施。

教学目标

（1）了解变压器的结构、原理及作用。

（2）掌握变压器的技术数据及测定方法。

（3）初步具备变压器的应用和运行能力。

技能要求

（1）能按铭牌连接变压器绕组。

（2）能编制变压器参数测定方案并完成测试和数据分析。

（3）能完成变压器基本运行操作。

任务1 认识变压器

任务目标

（1）了解变压器的结构与类型。

（2）理解变压器的工作原理。

（3）掌握变压器铭牌数据的意义。

（4）具备通过铭牌数据分析变压器的性能和状态的能力。

任务实施

一、现场教学

认识常见的变压器，如图1-1所示。

通过知识探究和现场设备认识，了解变压器结构及作用，变压器类型及应用；抄录铭牌数据，讨论其意义，完成现场教学信息表1-1填写。

变压器的
生产过程

（a）电力变压器

（b）整流变压器

（c）调压器

（d）电流互感器

图 1-1 常见的变压器种类

表 1-1 现 场 教 学 信 息

任务实施内容		记 录 内 容	知 识 应 用	扣分
相关知识阅读（8分）	变压器类型及应用（4分）			
	变压器基本结构及作用（4分）			
设备1：单相变压器（4分）	型号及说明（1分）			
	额定值及意义（2分）			
	符号（1分）			
设备2：三相芯式变压器（4分）	型号（1分）			
	额定值（2分）			
	符号（1分）			

续表

任务实施内容		记 录 内 容	知识应用	扣分
设备3: 三相组式 变压器 (4分)	型号 (1分)			
	额定值 (2分)			
	符号 (1分)			
合计得分				

二、技能训练

1. 单相变压器应用

依据铭牌数据，完成以下任务：

(1) 讨论单相变压器接入电源电压。

(2) 讨论测量单相变压器输入、输出电压的仪表选用、量程的选择及接法。

(3) 按表 1-2 调节和测量电压，将数据记录于表 1-2 中。

(4) 讨论输入与输出电压关系，并将结论记录于表 1-2 中。

表 1-2 变压器输入输出电压关系

输入电压 U_{AX}/V	220	150	110	55
输出电压 U_{ax}/V				
电压关系				

2. 单相变压器同名端测定

单相变压器高压绕组的标记是 A 和 X，低压绕组的标记是 a 和 x。A、a 称绕组的始端，X、x 称绕组的末端。

(1) 按图 1-2 接线。

(2) 在高压绕组上加 $U_1 = 50\% U_N$ 的电压，观察并记录电压表的示数记于表 1-3 中。

(3) 分别测量并记录高压绕组 U_{AX} 和低压绕组的电压 U_{ax}，记于表 1-3 中。

(4) 计算 U_{Aa} 电压，记于表 1-3 中并比较。

若 $U_{Aa} = U_{AX} - U_{ax}$，则 A、a 端互为同名端。

若 $U_{Aa} = U_{AX} + U_{ax}$，则 A、a 端互为异名端，将分析结论记于表 1-3 中。

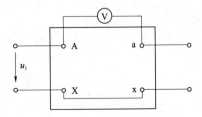

图 1-2 单相变压器同名端测定

(5) 将测定结果在绕组的标记旁作以标注，即同名端加标号" * "。

表 1-3　　　　　　　　　　单相变压器同名端测定

电源电压加于 AX 端	测　量		计　算
$U_1 = 50\%U_N$	U_{AX}	U_{ax}	U_{Aa}
数据分析结论			
带同名端标记的 变压器符号			

3.三相变压器绕组连接

(1) 三相芯式变压器联结组为：Y，y0。

(2) 三相组式变压器联结组为：Y，d11。

三、能力提升

通过知识探究和给定变压器额定数据分析、讨论给定变压器运行状态和特征、运行电压与电流的正常波动范围，完成能力提升训练信息表 1-4 填写。

表 1-4　　　　　　　　　　能 力 提 升 训 练 信 息

要求		自检	答　案	扣分
单相变压器空载运行	掌握变压器空载运行条件与特征，进入空载运行操作程序，能判断监测仪表示数范围（10分）	空载运行条件与特征（2分）		
		监测仪表正常范围（4分）		
		操作程序（准备、操作、测量）（4分）		
单相变压器负载运行	掌握变压器负载运行条件与特征，进入和退出运行操作程序，能判断监测仪表示数范围（10分）	负载运行条件与特征（2分）		
		监测仪表正常范围（4分）		
		操作程序（准备、操作、测量）（4分）		
合计得分				

知识探究

一、变压器工作原理

图 1-3 是一台最简单的单相双绕组变压器基本结构示意图，它的结构主要是由两个互相绝缘的绕组套在一个共同的铁心上。绕组之间有磁的耦合，但没有电的直接

联系。输入电能的绕组称为一次绕组（或原绕组、初级绕组），其相关的参数用下标 1 表示；输出电能的绕组称为二次绕组（或副绕组、次级绕组），其相关的参数用下标 2 表示。

当一次绕组接到交流电源时，在外施电压作用下，一次绕组中就有交流电流通过，并在铁心中产生交变磁通，其频率和外施电压的频率一样。这个交变磁通同时交链一次、二次绕组，根据电磁感应定律，便在一次、二次绕组内感应出电动势。当接上负载后，形成回路，便向负载供电，实现了能量传递。

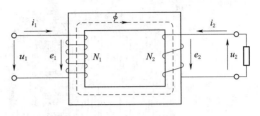

图 1-3 单相双绕组变压器基本结构

变压器的工作原理

互感器的分类与作用

由于感应电动势与绕组匝数成正比，故改变二次绕组的匝数，可得到不同的二次电压，这就是变压器的工作原理。

二、变压器的分类

变压器可以按用途、绕组数目、相数、铁心结构、冷却方式分别进行分类。

（1）变压器按其用途可分为以下几种。

电力变压器：指电力系统中使用的变压器。

特种变压器：指有专门用途的变压器，如电炉变压器、电焊变压器、整流变压器等。

仪用互感器：分电压互感器和电流互感器，分别用于测量高电压和大电流。

试验用的高压变压器和调压器：是为满足特殊实验的要求而制造的，满足试验时的高电压和调压的要求。

变压器的分类

（2）按每相变压器的绕组数目分类，有双绕组变压器、三绕组变压器、多绕组变压器和自耦变压器等。

（3）按相数分类，有单相变压器、三相变压器和多相变压器。

（4）按铁心结构分类，有芯式变压器、壳式变压器、渐开式变压器和辐射式变压器等。

（5）按冷却方式分类，有以空气为冷却介质的干式变压器、以油为冷却介质的油浸式变压器，以特殊气体为冷却介质的充气变压器等。

三、变压器的结构

如图 1-4 所示是一台三相油浸式电力变压器。变压器的主要结构部件是铁心和绕组两个基本部分组成的器身，以及放置器身且盛满变压器油的油箱。此外，还有绝缘套管及其他附件等部分组成。

（1）器身：包括铁心、绕组、绝缘结构、引线、分接开关等。

铁心即是变压器的主磁路，又是机械骨架，它有心式和组式两种结构，通常厚度为 0.35～0.55mm、表面具有绝缘膜的硅钢片叠装而成。变压器工作时铁心流通交流磁通，形成磁滞和涡流现象，产生功率损耗时铁心发热，工程中通常将铁心中的功率损耗称为铁损耗。

变压器的结构

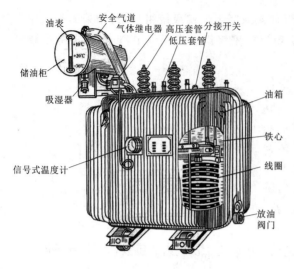

图 1-4 三相油浸式电力变压器

绕组是变压器的电路部分，它由包有绝缘材料的铜（或铝）的、圆或扁的导线绕制而成。为了便于绝缘，装配时一般让低压绕组靠近铁心，高压绕组套装在低压绕组外面，高、低压绕组间设置有油道（或气道），以加强绝缘和散热。变压器运行时电流流经绕组，会产生功率损耗，因大多变压器绕组为铜导线绕组，又称为铜损耗。

电力变压器的高压绕组上通常有±5％的抽头，通过分接开关来控制，输入电压略有变化时，可保持输出电压接近额定值。

变压器的铭牌

变压器的巡视和维护

变压器台的安装

（2）油箱：包括油箱本体和一些附件（放油阀门、小车、接地螺栓、铭牌等）。

油箱内充满了变压器油。变压器油是一种绝缘介质，它一方面可以滋润绝缘物，防止绝缘物与空气接触，保证绕组绝缘的可靠性，另一方面可以起到散热和灭弧的作用。

（3）冷却装置：包括散热器和冷却器。

冷却装置作用是将铁心和绕组运行时产生的热量散发出去。若通过变压器油的自然对流带到箱壁，称油浸自冷；若采用散热器式油箱，在散热器上装风扇，称油浸风冷；若采用油泵循环冷却，则为强迫油循环冷却；如果以空气代替变压器油作为冷却介质，称为干式变压器。容量在 10000kVA 以上的变压器，一般采用油箱外装设带风扇冷却的散热器；对于容量较大的变压器则采用强迫油循环冷却油箱。

（4）保护装置：包括储油柜、油表、安全气道、吸湿装置、测温元件、净油器和气体继电器等。

为防止变压器受潮和氧化，应尽量减少与空气的接触面积，在油箱上面安有储油柜，储油柜上装有吸湿器，使储油柜上部的空气通过吸湿器与外部的空气相通。吸湿器内装有吸湿剂，用来过滤吸入柜内空气中的杂质和水分。储油柜侧面装有玻璃油表，用来观察油面的高低。新型全密封变压器就省去了储油柜装置，可以在 15 年内免维护。

安全气道是装在油箱顶部上的一个长钢管，出口装有一定厚度的玻璃板或酚醛纸板制成的防爆膜，当变压器内部发生严重故障而气体继电器失灵时，油流和气体将冲破防爆膜向外喷出，以免油箱爆裂。

（5）出线装置：包括高压套管和低压套管。

绝缘套管由中心导电杆和瓷套两部分组成。导电杆穿过变压器油箱壁，将油箱中的绕组端头连接到外电路。

四、变压器的额定值

标注在铭牌上，变压器在规定使用环境和运行条件下的主要技术数据，称为变压器的额定值（或称为铭牌数据），它是选用变压器的依据。主要有：

1. 额定容量 S_N （VA、kVA、MVA）

即变压器在额定工况下输出的视在功率。国产电力变压器的容量系列是有一定规律的，从 50kVA 开始，按 $\sqrt{10}$ 倍的比例递增，例如 50kVA、65kVA、80kVA……称为 R10 容量系列。

2. 额定电压 U_{1N}、U_{2N} （V，kV）

变压器的额定电压是指变压器在空载状态下一次侧允许的电压 U_{1N} 和二次侧测得的电压 U_{2N}，并规定二次侧额定电压 U_{2N} 是当变压器一次侧外加额定电压 U_{1N} 时二次侧的空载电压。对于三相变压器，额定电压指线电压。

3. 额定电流 I_{1N}、I_{2N} （A，kA）

变压器在额定工况下的一次侧和二次侧按绕组容量允许的电流，对于三相变压器，额定电流指线电流。

由于变压器的效率高，通常将变压器一次侧、二次侧的额定容量设计为相等。

根据电路理论，额定容量、额定电压和额定电流之间的关系为

对于单相变压器

$$S_N = U_{1N} I_{1N} = U_{2N} I_{2N} \tag{1-1}$$

对于三相变压器

$$S_N = \sqrt{3} U_{1N} I_{1N} = \sqrt{3} U_{2N} I_{2N} \tag{1-2}$$

4. 额定频率 f_N (Hz)

我国以及大多数国家都规定额定频率为 50Hz。

此外，额定值还有效率、温升等。除额定值外，变压器铭牌上还标有相数、运行方式、连接组别、短路阻抗、接线图等说明。

【例 1-1】 一台三相电力变压器，额定容量 $S_N = 3150$ (kVA)，额定电压 $U_{1N}/U_{2N} = 35/6.3$ (kV)，Y_N，d 接线（表示一次为星形，二次为三角形）方式。试求其一次及二次额定电流。

解： 一次侧额定电流 $I_{1N} = \dfrac{S_N}{\sqrt{3} U_{1N}} = \dfrac{3150 \times 10^3}{\sqrt{3} \times 35 \times 10^3} = 51.96$ (A)

二次侧额定电流 $I_{2N} = \dfrac{S_N}{\sqrt{3} U_{2N}} = \dfrac{3150 \times 10^3}{\sqrt{3} \times 6.3 \times 10^3} = 288.68$ (A)

一次侧额定相电压 $U_{1\phi N} = \dfrac{U_{1N}}{\sqrt{3}} = \dfrac{35 \times 10^3}{\sqrt{3}} = 20207$ (V)

二次侧额定相电流 $I_{2\phi N} = \dfrac{I_{2N}}{\sqrt{3}} = \dfrac{288.68}{\sqrt{3}} = 166.67$ (A)

五、变压器的运行状态

变压器通常有空载、负载两种状态，故障时会出现短路状态。

变压器一次绕组接电源，二次绕组开路时的工作状态，称为空载状态。变压器空载运行时无功率输出，空载电流很小，一般为其额定电流的 $2\% \sim 10\%$。

变压器带负载运行后，一、二次电压随负载及电网电压的波动而变化，根据《电

能质量　供电电压偏差》（GB/T 12325—2008）规定，35kV 及以上供电电压正、负偏差绝对值之和不超过标称电压的 10%，20kV 及以下供电电压偏差为标称电压的 ±7%。为保证电能质量和变压器的安全，变压器带负载运行时，选择合适的容量，使运行电流限制在额定值以内。

任务 2　单相变压器空载运行

任务目标

（1）了解变压器空载运行的能量转换过程。

（2）理解变压器的工作原理。

（3）掌握变压器空载运行等值电路参数及意义。

（4）具备变压器空载试验及数据处理的能力。

任务描述

进行变压器空载运行相关知识探索，讨论其电磁关系及等值电路参数意义；在实验室进行单相变压器空载试验。

任务实施

一、课堂教学

变压器空载运行电磁关系、等值电路、变比分析与讨论，完成必备知识信息表 1-5 填写。

单相变压器
空载实验

表 1-5　　　　　　　　　　必备知识信息

要求		自检	答案	扣分
变压器空载运行	掌握变压器变比定义；变压器激磁参数及意义；变压器空载运行等值电路（10分）	变比定义（2分）		
		激磁参数及意义（4分）		
		空载等值电路（4分）		
单相变压器空载实验	掌握变压器变比测量；空载实验安全技术措施；空载实验操作方法及数据处理方法（10分）	实验条件及安全措施（2分）		
		实验线路及符号意义（2分）		
		仪表选用及量程选择（2分）		
		操作程序（准备、操作、测量）（2分）		
		测量数据及关系（2分）		
合计得分				

二、技能训练操作——单相变压器空载实验

依据变压器额定数据和空载实验条件，完成以下任务：

（1）讨论图 1-5 实验线路符号及意义。

（2）讨论图 1-5 测量仪表选用、量程的选择及接法。

（3）按图 1-5 接线。

（4）按实验条件调节电源，读取各仪表数据，记录于表 1-6 中。

（5）完成数据计算。

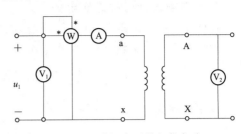

图 1-5　单相变压器空载实验

表 1-6　　　　　　　　　　单相变压器空载实验数据　　　　　　　　　　($U_O = U_N$)

测 量 数 据				计 算 数 据					
U_O /V	I_O /A	P_O /W	U_{AX} /V	p_{Fe}	K	Z_m /Ω	R_m /Ω	X_m /Ω	$\cos\varphi_I$

三、能力提升

电气工程中，检修后的变压器要进行空载试验。为了保证试验安全和试验工作的有序进行，需编制变压器空载试验工作实施方案，从人员及时间安排、试验准备、安全技术措施、填写试验工作票和操作票、现场操作等多个方面，制订详尽的工作计划。以单相变压器空载实验为案例，学生尝试进行方案编制。

知识探究

所谓空载运行，是指变压器的一次绕组接交流电源，二次绕组开路的工作状态，称变压器空载运行。

一、变压器空载运行时的电磁物理现象

如图 1-6 为单相变压器空载运行时的示意图，一次绕组 AX 接在交流电源上，承受交流电压 u_1，产生空载电流 i_0 和交变磁动势 $F_0 = N_1 i_0$。在 F_0 作用下，两种性质的磁路中产生两种磁通。

主磁通 Φ：其磁力线沿铁心闭合，同时与一次绕组、二次绕组相交链的磁通，亦称为互感磁通。由于铁磁材料的饱和现象，主磁通 Φ 与 i_0 呈非线性关系。

一次绕组的漏磁通 $\Phi_{1\sigma}$：其磁力线主要沿非铁磁材料（油、空气）闭合，仅为一次绕组相交链的磁通。$\Phi_{1\sigma}$ 与 i_0 呈线性关系。

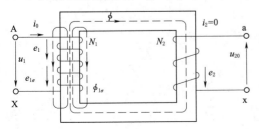

图 1-6　单项变压器空载运行

两部分磁通在原绕组中产生感应磁动势 e_1 和 $e_{1\sigma}$，主磁通在副绕组中产生感应电动势 e_2，输出电压 u_2。变压器空载时各物理量的参考方向如图 1-6 所示。电压与电流的正方向一致；磁通的

正方向与产生它的电流的正方向符合右手螺旋定则；感应电动势的正方向与产生它的磁通的正方向符合右手螺旋定则。

二、空载运行时的感应电势

在图 1-6 所示参考方向下，根据电磁感应定律，主磁通 Φ 在一次绕组（匝数 N_1）、二次绕组（匝数 N_2）中感应电动势的瞬时值 e_1、e_2 为

$$e_1 = -N_1 \frac{\mathrm{d}\Phi}{\mathrm{d}t} ; e_2 = -N_2 \frac{\mathrm{d}\Phi}{\mathrm{d}t}$$

设主磁通为

$$\phi = \Phi_\mathrm{m} \sin\omega t$$

$$e_1 = -N_1 \frac{\mathrm{d}\phi}{\mathrm{d}t} = -\omega N_1 \Phi_\mathrm{m} \cos\omega t = E_{1\mathrm{m}} \sin(\omega t - 90°)$$

$$E_{1\mathrm{m}} = \omega N_1 \Phi_\mathrm{m} = 2\pi f N_1 \Phi_\mathrm{m}$$

其有效值为

$$E_1 = \frac{E_{1\mathrm{m}}}{\sqrt{2}} = 4.44 f N_1 \Phi_\mathrm{m} \tag{1-3}$$

电动势 e_1 的相位滞后 $\phi 90°$，相量表达式为

$$\dot{E}_1 = -j 4.44 f N_1 \dot{\Phi}_\mathrm{m} \tag{1-4}$$

同理，二次绕组中的感应电动势效值为

$$E_2 = \frac{E_{2\mathrm{m}}}{\sqrt{2}} = 4.44 f N_2 \Phi_\mathrm{m} \tag{1-5}$$

相量表达式为

$$\dot{E}_2 = -j 4.44 f N_2 \dot{\Phi}_\mathrm{m} \tag{1-6}$$

漏磁通 $\Phi_{1\sigma}$ 同样在一次绕组中产生感应电动势，近似为空心线圈的自感电势。依据电路理论，在正弦稳态下，其漏电感为 $L_{1\sigma}$，漏电抗为 $X_{1\sigma}$，漏磁通 $\Phi_{1\sigma}$ 所经路径的磁导率是常数，漏电感 $L_{1\sigma}$ 和漏电抗 $X_{1\sigma}$ 亦是常数。则

$$\dot{E}_{1\sigma} = -j\dot{I}_0 \omega L_{1\sigma} = -j\dot{I}_0 X_{1\sigma} \tag{1-7}$$

三、空载运行时的电压方程

一次绕组的电阻为 R_1，在图 1-6 所示参考方向下，根据基尔霍夫第二定律，可得变压器空载运行时一次侧电压方程为

$$u_1 = -e_1 - e_{1\sigma} + i_0 R_1$$

相量形式为

$$\dot{U}_1 = -\dot{E}_1 - \dot{E}_{1\sigma} + \dot{I}_0 R_1$$

将 $\dot{E}_{1\sigma} = -j\dot{I}_0 X_{1\sigma}$ 代入得

$$\dot{U}_1 = -\dot{E}_1 + j\dot{I}_0 X_{1\sigma} + \dot{I}_0 R_1 = -\dot{E} + \dot{I}_0 (R_1 + jX_{1\sigma})$$

$$\dot{U}_1 = -\dot{E}_1 + \dot{I}_0 Z_1 \tag{1-8}$$

式中 $Z_1 = R_1 + jX_{1\sigma}$——一次绕组漏阻抗，Ω，也为常数。

因为变压器空载，二次回路的电压方程为 $e_2 = u_2$，其相量形式为

$$\dot{U}_2 = \dot{E}_2 \tag{1-9}$$

四、变压器的变比

在变压器中，一次绕组的电动势 E_1 与二次绕组的电动势 E_2 之比称为变比，用 k 表示，即

$$k = \frac{E_1}{E_2} = \frac{N_1}{N_2} \tag{1-10}$$

当变压器空载运行时，由于电压 $U_1 \approx E_1$，二次侧空载电压 $U_{20} = E_2$，故有

$$k = \frac{E_1}{E_2} \approx \frac{U_1}{U_{20}} \tag{1-11}$$

对于三相变压器，变比指一次绕组与二次绕组的相电势之比。

可见，空载运行时，变压器一次绕组与二次绕组的电压比等于其匝数比。当 $N_1 > N_2$ 时，$k > 1$，为降压变压器，当 $N_1 < N_2$ 时，$k < 1$，为升压变压器。要使一次和二次绕组具有不同的电压，只要使它们具有不同的匝数即可。

五、空载电流

用来产生磁场的电流称励磁电流。从前述知，变压器空载运行时输出功率为零，空载电流主要作用是建立磁场，所以空载电流为励磁电流。因为铁心为铁磁材料，励磁电流的大小和波形受磁路饱和、磁滞和涡流的影响。当不考虑铁心损耗时，励磁电流是纯磁化电流，若铁心未饱和，导磁率是常数，磁化曲线 $\phi = f(i)$ 呈线性关系。当 ϕ 按正弦规律变化时，产生它的电流亦按正弦变化。

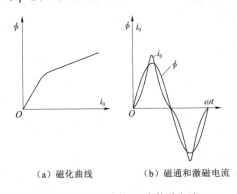

(a) 磁化曲线　　(b) 磁通和激磁电流

图 1-7　磁路饱和时激磁电流

当考虑磁饱和时，导磁率不是常数，磁化曲线 $\phi = f(i)$ 呈非线性关系。当 ϕ 按正弦规律变化时，空载电流发生畸变为尖顶波，如图 1-7 所示。磁路饱和程度越大，磁化电流畸变越严重。根据谐波分析法，尖顶波可分解为基波和 3、5、7、…、n 次谐波，在变压器负载运行时，$I_0 \leqslant 2.5\% I_N$，这些谐波的影响完全可以忽略，一般测量得到的 I_0 就是有效值，在下面的讨论中，空载电流均指有效值。

六、空载时的等值电路和相量图

由变压器一次侧方程

$$\dot{U}_1 = -\dot{E}_1 + j\dot{I}_0 X_{1\sigma} + \dot{I}_0 R_1 = -\dot{E} + \dot{I}_0(R_1 + jX_{1\sigma}) \approx -\dot{E}$$

变压器从一次侧看进去的等值阻抗为

$$Z_0 \approx \frac{-\dot{E}_1}{\dot{I}_0}$$

仿照空心线圈的处理方法，定义式中

变压器的等
值电路和
相量图

$$Z_{\mathrm{m}} = \frac{-\dot{E}_1}{\dot{I}_0} = R_{\mathrm{m}} + jX_{\mathrm{m}} \tag{1-12}$$

式中　　　Z_{m}——励磁阻抗；

　　　　　R_{m}——励磁电阻，是对应铁耗的等效电阻；

　　　　　X_{m}——励磁电抗，它是表征铁心磁化性能的一个参数。

Z_{m}、R_{m}、X_{m}——变压器的励磁参数，受铁心饱和程度影响，不是常数。当频率和结构一定时，若外加电压升高，主磁通增大，铁心饱和程度增加，X_{m} 减小，同时铁耗增大，R_{m} 减小。反之若电源电压减小，X_{m}、R_{m} 增大。但通常情况下，变压器并网运行，电源电压可视作不变，主磁通基本不变，磁路的饱和程度基本不变，因而 X_{m}、R_{m} 可近似看作常数且 $X_{\mathrm{m}} \gg X_{1\sigma}$，$R_{\mathrm{m}} \gg R_1$。

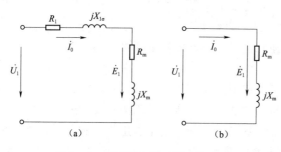

图 1-8　变压器空载时的等值电路

变压器空载时的等值电路，如图 1-8 所示。其中图 1-8（b）为忽略一次绕组阻抗的近似等值电路。

变压器的励磁参数，一般通过空载实验获得。为了安全，变压器空载实验时，低压绕组接入电源，通过测取变压器空载运行时的一次电压 U_0、电流 I_0 和功率 P_0，应用近似等值电路，计算出励磁参数。

$$R_{\mathrm{m}} = \frac{P_0}{I_0^2} \tag{1-13}$$

$$Z_{\mathrm{m}} = \frac{U_0}{I_0} \tag{1-14}$$

$$X_{\mathrm{m}} = \sqrt{Z_{\mathrm{m}}^2 - R_{\mathrm{m}}^2} \tag{1-15}$$

任务 3　单相变压器负载运行

任务目标

（1）了解变压器负载运行电磁关系。

（2）理解变压器的参数折算。

（3）掌握变压器负载运行一、二次电流关系及等值电路。

（4）具备变压器短路试验及数据处理的能力。

任务描述

进行变压器负载运行相关知识探索，讨论其电磁关系及等值电路参数意义；在实验室进行单相变压器短路实验操作。

任务实施

一、课堂教学

进行变压器负载运行电磁关系、电路方程、电流关系、等值电路等内容分析与讨论，完成必备知识信息表1－7填写。

表 1－7　　　　　　　　　　　必 备 知 识 信 息

要求		自检	答　案	扣分
变压器负载运行	掌握变压器一、二次电流关系；变压器等值电路；变压器参数折算（10分）	变流比（2分）		
		参数折算关系（4分）		
		T形空载等值电路（2分）		
		简化等值电路（2分）		
单项变压器短路实验	掌握变压器短路实验安全技术措施；短路实验操作方法及数据处理方法（10分）	实验条件及安全措施（2分）		
		实验线路及符号意义（2分）		
		仪表选用及量程选择（2分）		
		操作程序（准备、操作、测量）（2分）		
		测量数据及关系（2分）		
合计得分				

二、技能训练操作——单相变压器短路实验

依据变压器额定数据和短路实验条件，完成以下任务：

（1）讨论图1－9实验线路符号及意义。

（2）讨论图1－9测量仪表选用、量程的选择及接法。

（3）按图1－9接线。

（4）按程序操作，调节电源电压，读取各仪表数据，记录于表1－8中。

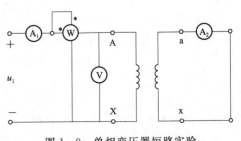

图1－9　单相变压器短路实验

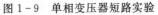

单相变压器短路实验

（5）完成表1-8中数据计算。

表1-8　　　　　　　　　　　　单相变压器短路实验数据　　　　　　$I_k = I_N$，室温_____℃

I_k /A	U_k /V	P_k /W	I_2 /A	P_{Cu} /W	Z_k /Ω	R_k /Ω	X_k /Ω	$\cos\phi$	$R_{k75℃}$ /Ω	$Z_{k75℃}$ /Ω	u_k

三、能力提升

电气工程中，检修后的变压器要进行短路试验。同样为了保证试验安全和试验工作的有序进行，需编制变压器短路试验工作方案，从人员及时间安排、试验准备、安全技术措施、填写试验工作票和操作票、现场操作等多个方面，制订详尽的工作计划。阅读电力变压器试验规范，以单相变压器短路实验为案例，完成方案编制。

知识探究

变压器一次绕组接电源，二次绕组接负载的工作状态，称负载状态。

一、负载状态时的电磁物理现象

变压器的磁路

如图1-10所示，当二次绕组接入负载后，在感应电动势 e_2 的作用下，二次回路中产生电流 i_2 和磁动势 $N_2 i_2$，由于电源电压和频率不变，主磁通不变，因此，一次绕组的电流改变为 i_1，以维持负载后的磁动势与空载时磁动势守恒。即

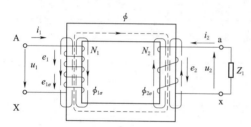

图1-10　变压器负载运行

$$N_1 i_1 + N_2 i_2 = N_1 i_0$$

相量形式为

$$N_1 \dot{I}_1 + N_2 \dot{I}_2 = N_1 \dot{I}_0 \quad (1-16)$$

上式称变压器磁动势守恒方程。

i_2 流经二次绕组，产生电压 $i_2 R_2$，主磁通 Φ 在二次绕组内感应电动势 $e_{2\sigma}$ 用相量表示，与一次侧类似地有

$$\dot{E}_{2\sigma} = -j\dot{I}_2 X_{2\sigma} \quad (1-17)$$

二、变压器的变压比和变流比

变压器的变压比 k（简称变比），是变压器空载时高压绕组电压 u_1 与低压绕组电压 u_2 的比值，当高压绕组与低压绕组的联结组别一样时，变比约等于高低压绕组的匝数比，即

$$k = \frac{u_1}{u_2} \approx \frac{N_1}{N_2}$$

变压器接近满载时，$N_1 i_0$ 与 $N_1 i_1$、$N_2 i_2$ 相比较可忽略，式（1-16）近似为

$$N_1 i_1 + N_2 i_2 \approx 0$$

则

$$\frac{I_1}{I_2} \approx \frac{N_2}{N_1} = \frac{1}{k} = k_i \quad (1-18)$$

即变压器具有变流作用，k_i 为变流比。

由上述知，一、二次绕组电流之比等于匝数的反比。

工程中，电力变压器并网运行，当负载变化时，其供电电压基本保持不变，而其供电电流随负载变化，通常定义供电电流与额定电流的比值，称为负载系数，用 β 表示。即

$$\beta = \frac{I_2}{I_{2N}} \approx \frac{I_1}{I_{1N}}$$

显然，变压器满载（带额定负载）时负载系数为 1。

三、变压器负载运行时电压方程

在图 1-10 所示的参考方向下，根据基尔霍夫定律，可得变压器负载运行时一、二次侧电压方程

$$u_1 = i_1 R_1 - e_{1\sigma} - e_{2\sigma}$$
$$e_2 = i_2 R_2 - e_{2\sigma} + u_2$$
$$u_2 = i_2 Z_L$$

电压和电流随时间正弦变化，相应的复数形式电压方程为

$$\dot{U}_1 = \dot{I}_1(R_1 + jX_{1\sigma}) - \dot{E}_1 = \dot{I}_1 Z_{1\sigma} - \dot{E}_1 \tag{1-19}$$

$$\dot{E}_2 = \dot{I}_2(R_2 + jX_{2\sigma}) + \dot{U}_2 = \dot{I}_2 Z_{2\sigma} + \dot{U}_2 \tag{1-20}$$

$$\dot{U}_2 = \dot{I}_2 Z_L \tag{1-21}$$

$Z_{1\sigma}$ 和 $Z_{2\sigma}$ 分别称为一次和二次绕组的漏阻抗。

$$Z_{1\sigma} = R_1 + jX_{1\sigma}, Z_{2\sigma} = R_{21} + jX_{2\sigma} \tag{1-22}$$

四、变压器等值电路

将式（1-20）和式（1-21）左右两边同时乘以变比 k 得

$$k\dot{E}_2 = k\dot{I}_2(R_2 + jX_{2\sigma}) + k\dot{U}_2 = \frac{\dot{I}_2}{k}(k^2 R_2 + jk^2 X_{2\sigma}) = \dot{E}_1$$

$$k\dot{U}_2 = k\dot{I}_2 Z_L = \frac{\dot{I}_2}{k}k^2 Z_L$$

令 $R_2' = k^2 R_2$，$X_{2\sigma}' = k^2 X_{2\sigma}$，$Z_L' = k^2 Z_L$，$\dot{E}_2' = k\dot{E}_2$，$\dot{U}_2' = k\dot{U}_2$，$\dot{I}_2' = \frac{\dot{I}_2}{k}$，则

$$-\dot{E}_2' = -\dot{I}_2'(R_2' + jX_{2\sigma}') - \dot{U}_2' = -\dot{E}_1 \tag{1-23}$$

$$\dot{U}_2' = \dot{I}_2' Z_L' \tag{1-24}$$

由式（1-16）$N_1\dot{I}_1 + N_2\dot{I}_2 = N_1\dot{I}_0$，得

$$\dot{I}_1 = \dot{I}_0 + \left(-\frac{N_2}{N_1}\dot{I}_2\right) = \dot{I}_0 + \left(-\frac{\dot{I}_2}{k}\right) = \dot{I}_0 + (-\dot{I}_2') \tag{1-25}$$

依据式（1-19）、式（1-23）～式（1-25），绘出保持其电压关系的等效电路如图 1-11（a）所示，称为变压器的 T 形等效电路。R_2'、$X_{2\sigma}'$、Z_L'、$\dot{E}_2'$、$\dot{U}_2'$、$\dot{I}_2'$ 称为变压器二次侧参数的折算值，其实质是将二次绕组折算为与一次绕组匝数相等的绕组。也可以将一次绕组折算为匝数与二次绕组相等的绕组，等值电路中，二次绕组的参数不变，一次绕组参数需折算，其折算系数与二次绕组的折算系数互为倒数。

变压器接近满载时，$\dot{I}_0$ 可忽略不计，等效电路如图 1-11（b）所示，称为变压器的简化等效电路。其中 $R_k = R_1 + R'$，称为变压器的短路电阻；$X_k = X_{1\sigma} + X'_{2\sigma}$，称为变压器的短路电抗；$Z_k = R_k + jX_k$，称为变压器的短路阻抗。

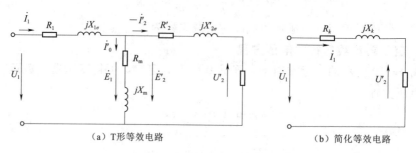

（a）T形等效电路　　　　　　　　　（b）简化等效电路

图 1-11　变压器负载时的等效电路

变压器带负载运行时，若出现短路故障，等效电路如图 1-12 所示，由于一次侧仍为正常的供电电压，变压器绕组流经短路电流，将烧毁变压器，甚至引起变压器爆炸。因此，工程中电力变压器均装有控制保护装置，在发生短路时将故障变压器切除。

单相变压器
负载实验

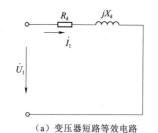

（a）变压器短路等效电路　　　（b）变压器短路实验等效电路

图 1-12　变压器短路等效电路

变压器短路运行时，等效电路为 R_k、X_k 构成的电感性电路，工程中利用这一电路模型进行变压器短路试验，以测取变压器的短路参数。为保证安全，短路试验时，一般将电源加在高压侧，施加的电压为 $15\%U_N$ 左右，试验电流限制在 $1.1I_N$ 以内。

对于单相变压器，短路实验时测取电源侧的电压 U_k、I_k、P_k，应用短路等效电路，计算出短路参数。

$$R_k = \frac{P_k}{I_k^2}; \quad Z_k = \frac{U_k}{I_k}; \quad X_k = \sqrt{Z_k^2 - R_k^2} \tag{1-26}$$

电气工程中，短路参数常将其换算至基准工作温度 75℃。

$$R_{k75℃} = R_k \frac{234.5 + 75}{234.5 + \theta}, |Z_{k75℃}| = \sqrt{R_{k75℃}^2 + X_k^2} \tag{1-27}$$

式中　θ——试验温度。

由短路试验数据还可计算负载铜耗和短路电压百分数。

变压器满载时的铜耗为　　　$p_{Cu} = I_{1N}^2 R_{k75℃} = p_{kN}$ （1-28）

变压器负载时的铜耗　　　　$p_{Cu} = I_1^2 R_{k75℃} = \beta^2 p_{kN}$ （1-29）

短路电压百分数的计算

$$u_k = \frac{U_{kN}}{U_{1N}} \times 100\% = \frac{I_{1N} Z_{k75℃}}{U_{1N}} \times 100\% \tag{1-30}$$

$$u_{kr} = \frac{I_{1N}R_{k75℃}}{U_{1N}} \times 100\%$$

$$u_{kx} = \frac{I_{1N}X_k}{U_{1N}} \times 100\%$$

任务 4 变压器运行特性

任务目标

(1) 了解电能质量的评价指标。

(2) 理解功率关系。

(3) 掌握变压器电压调整率及效率计算。

(4) 具备变压器负载试验及数据处理的能力。

任务描述

进行变压器运行特性相关知识探索，讨论并确定影响运行特性的因素；在实验室进行单相变压器负载实验操作。

任务实施

一、课堂教学

进行标幺值、变压器负载运行外特性、电压调整率、变压器效率及影响因素等内容分析与讨论，完成必备知识信息表1-9填写。

表 1-9 　　　　　　　　　**必 备 知 识 信 息**

要求		自检	答　案	扣分
标幺值	掌握标幺值定义及计算（10分）	标幺值定义与表示法（2分）		
		基准值的选择（2分）		
		实验变压器参数标幺值计算（3分）		
		引入标幺值的意义（3分）		
变压器运行特性	掌握变压器负载增大、输出电压的变化规律；变压器电压调整率与效率的计算及目的（10分）	变压器的调整率及定义式（2分）		
		标幺值表示的电压调整率（2分）		
		变压器的效率特性及曲线（2分）		
		效率计算公式（2分）		
		最大效率条件（2分）		
合计得分				

二、技能训练——单相变压器负载实验

1. 单相变压器带电阻性负载实验

（1）依据变压器额定数据和负载额定数据，讨论变压器接入电源的绕组及电源电压。

（2）依据测定要求，确定接入的测量仪表及量程。

（3）讨论并确定实验线路。

（4）按实验线路讨论操作程序。

（5）按程序操作调节电源电压，读取和记录各仪表数据。

（6）根据测量数据，绘制变压器带电阻性负载时的外特性，计算电压调整率；结合空载和短路实验，计算实验变压器的效率和最大效率。

【例 1-2】 测定单相变压器带电阻性负载的外特性，并确定变压器的电压调整率和效率。变压器的额定数据为：$U_{1N}/U_{2N}=220/55(\text{V})$，$I_{1N}/I_{2N}=0.35/1.4(\text{A})$；电阻性负载的额定数据为 $U_N/I_N=220/0.3(\text{A})$。

解：（1）确定变压器接入电源的绕组。变压器的任务是为负载提供优质的电能，首先要满足负载的电压要求，分析变压器和负载的额定数据，可以确定，应由变压器高压侧为负载供电，变压器的低压绕组接电源，电源电压为 55V。

（2）确定接入的测量仪表及量程。变压器负载实验的任务是测定单相变压器的外特性和电压调整率，二次侧应接入测量电压的交流电压表，量程选择为 300V；测量二次电流的交流电流表，量程选择为 1A；测量功率的单相有功功率表。一次侧接入监测电压和电流的交流电压表和交流电流表，量程分别为 75V 和 2.5A。

（3）确定实验线路。由以上的分析，确定实验线路如图 1-13 所示。

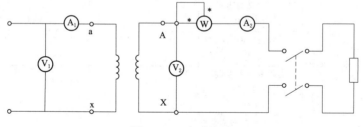

图 1-13 实验电路

（4）确定操作程序，见表 1-10。

表 1-10   操 作 程 序

基本项	序号	操 作 程 序	完成时添加√	备注
准备	1	检查可调电源输出电压为零，各开关处于关断位，各仪表量程正确		
	2	负载阻值调整为最大，电流表短接		
通电操作	3	接通电源总开关，电源电压指示正常		
	4	接通可调电源开关，输入输出电压指示正常		

续表

基本项	序号	操作程序	完成时添加√	备注
通电操作	5	调节可调电源输出电压至 55V，观察 V1、V2 表示数，正常		
	6	闭合负载开关，观察工作状况，正常		
数据测量	7	将电流表接入电路，功率表接通电源，观察各表示数正常		
	8	按要求调节负载阻值，记录各仪表示数		
	9	检查测量数据，数据完整准确		
断电操作	10	负载阻值调至最大		
	11	切断负载控制开关		
	12	断开可调电源开关		
	13	断开总开关		
结束	14	拆线、整理工具和设备		

（5）按程序表操作，完成项标以"√"。

（6）调节负载阻值，使其电流按表 1－10 变化，读取和记录各仪表数据（表 1－11）。

（7）根据测量数据和空载、短路实验数据，绘制变压器带电阻性负载时的外特性和效率特性曲线，计算电压调整率；完成效率和最大效率计算。

表 1－11　　　　　　　　　　负 载 实 验 数 据 测 量　　　　　　　$U_1 = $ __55__ V

序号	带电阻性负载（$\cos\varphi_2 = 1$）				带电感性负载（$\cos\varphi_2 = 0.8$）				计算
	I_2/A	U_2/V	P_2/W	计算 η	I_2/A	U_2/V	P_2/W	计算 η	I_2^*
1	0				0				
2	0.2				0.2				
3	0.25				0.25				
4	0.3				0.3				
5	0.35				0.35				
6	0.4				0.4				

2. 单相变压器带电感性负载实验

将图 1－13 中的负载换为电感性负载，仿照电阻性负载实验，完成操作、测量，并于电阻性分析结果进行比较分析。

三、能力提升

（1）依据实验数据，讨论负载增加，输出电压的变化，并比较两种负载的不同。

（2）估测负载率为 80％时变压器输出电压的值。

（3）依据实验数据，分析变压器的性能。

知识探究

一、标幺值

在电力工程计算中，变压器和电机各物理量的大小通常不用它们的实际值表示，而用标幺值来表示。

标幺值

所谓标幺值，就是某一个物理量的实际值与所选定的一个同单位的固定数值的比值。选定同单位的固定数值称为基值。

为了区分标幺值和实际值，标幺值在各物理量原来符号右上角加上"＊"号表示。如电流的标幺值用 I^* 表示。

变压器的基准值一般选其物理量对应的额定值为基准值。对于三相变压器，一般取额定相电压作为电压基值，取额定相电流作为电流基值，额定视在功率作为功率基值。阻抗（含电阻和电抗）的基准值为相应额定电压、电流的比值。

例一次侧电压的基准值为 U_{1N}，一次侧电流的基准值为 I_{1N}，阻抗的基准值为 U_{1N}/I_{1N}，则依次侧物理量的标幺值为

$$U_1^* = \frac{U_1}{U_{1N}}, \quad I_1^* = \frac{I_1}{I_{1N}}, \quad Z_1^* = \frac{Z_1}{Z_{1N}} = \frac{Z_1 I_{1N}}{U_{1N}}$$

$$R_1^* = \frac{R_1}{Z_{1N}} = \frac{R_1 I_{1N}}{U_{1N}}, \quad X_{1\sigma}^* = \frac{X_{1\sigma}}{Z_{1N}} = \frac{X_{1\sigma} I_{1N}}{U_{1N}}$$

$$R_k^* = \frac{R_k}{Z_{1N}}, \quad X_k^* = \frac{X_k}{Z_{1N}}, \quad P_k^* = \frac{P_k}{S_N}$$

同理可计算二次侧的标幺值。各标幺值乘以 100% 则变成相应物理量的百分值。变压器处于额定运行状态时，电压、电流的标幺值为 1。

采用标幺值具有下列优点：

（1）采用标幺值表示比实际值更能明确反映变压器或电机的运行状态。例如，一台变压器的实际电流 $I_2 = 210A$，而此值对应的标幺值 $I_2^* = 1.2$，说明变压器处于过载运行。

（2）用标幺值表示，电力变压器的参数和性能指标总在一定范围之内，便于分析比较。例如短路阻抗 $Z_K^* = 0.04 \sim 0.175$，空载电流 $I_0^* = 0.02 \sim 0.10$。

（3）采用标幺值表示后，折算前后各量相等，即可省去折算，例如：

$$I_2^* = \frac{I_2}{I_{2N}} = \frac{I_2/k}{I_{2N}/k} = \frac{I_2'}{I_{1N}} = I_2'^*$$

（4）采用标幺值表示后，可使某些单位不同的物理量相等。例如：

$$Z_K^* = \frac{Z_K}{Z_{1N}} = \frac{I_{1N} Z_K}{U_{1N}} = \frac{U_{KN}}{U_{1N}} = U_{KN}^*$$

$$R_K^* = \frac{R_K}{Z_{1N}} = \frac{I_{1N} R_K}{U_{1N}} = U_{kr}^*; \quad U_{kr}^* = \frac{I_{1N}^2 R_K}{U_{1N} I_{1N}} = p_{KN}^*$$

$$x_K^* = \frac{x_K}{Z_{1N}} = \frac{I_{1N} x_K}{U_{1N}} = U_{Kx}^*$$

二、变压器的运行特性

1. 电压调整率

电压调整率指的是在原边绕组施加额定电压，负载功率因数一定，变压器从空载到负载时，端电压之差（$U_{20} - U_2$）与副边额定电压 U_{2N} 之比的百分值。即

$$\Delta u = \frac{U_{20} - U_2}{U_{2N}} \times 100\% = \frac{U_{2N} - U_2}{U_{2N}} \times 100\% = \frac{U_{1N} - U_2'}{U_{1N}} \times 100\% \qquad (1-31)$$

变压器的电压调整率，反映了变压器供电电压的稳定性，是衡量变压器性能的一个非常重要的指标。工程中常用短路参数标幺值表示的近似公式计算电压调整率。

近似公式为

$$\Delta u = = \beta(R_k^* \cos\varphi_2 + X_k^* \sin\varphi_2) \times 100\% \qquad (1-32)$$

式（1-32）表明，影响变压器电压调整率的因素有变压器的短路参数、负载性质和负载大小。在变压器结构一定，负载功率因数一定时，变压器带负载越大，电压调整率越大。

图 1-14 为用标幺值表示的变压器输出电压随负载变化的曲线，称为变压器的外特性曲线。由该曲线也可以确定变压器带不同负载时的电压调整率。

2. 变压器的效率

变压器是进行能量转换的一种装置，在能量转换过程中，铁心和绕组产生损耗，从而使得变压器的输出功率 P_2 小于输入的功率 P_1。将输出功率 P_2 与输入功率 P_1 之比称为变压器的效率。即

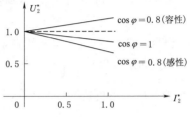

图 1-14 变压器外特性曲线

$$\eta = \frac{P_2}{P_1} \times 100\% = \frac{P_1 - \sum p}{P_1} \times 100\% = \left(1 - \frac{\sum p}{P_2 + \sum p}\right) \times 100\% \qquad (1-33)$$

变压器负载运行时，其副边端电压的变化可以忽略，则有

$$P_2 = U_2 I_2 \cos\varphi_2 = U_{2N} I_2 \cos\varphi_2 = \beta U_{2N} I_{2N} \cos\varphi_2 = \beta S_N \cos\varphi_2 \qquad (1-34)$$

变压器在负载运行时存在两种损耗，即铁耗 p_{Fe} 和铜耗 p_{Cu}，由于铁耗与原边绕组所施加的电压有关，在其不变的前提下，铁耗为一常数，通常称为不变损耗，由于变压器原边绕组所施加电压为额定电压，其铁耗可认为与空载试验时所测得的空载损耗相等；变压器的铜耗为原边、副边绕组电阻上所消耗的功率，由变压器负载运行时的简化等效电路可得

$$p_{Cu} = I_1^2 R_k = \beta^2 p_{kN} \qquad (1-35)$$

其中

$$p_{kN} = m I_{1N}^2 r_k$$

式中　　p_{kN}——额定负载损耗，是可变损耗；

　　　　m——相数。

变压器的效率为

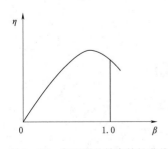

图 1-15 变压器的效率特性曲线

$$\eta = \left(1 - \frac{p_0 + \beta^2 P_{kN}}{\beta S_N \cos\varphi_2 + p_0 + \beta^2 p_{kN}}\right) \times 100\% \qquad (1-36)$$

式（1-36）表明，影响变压器效率的因素有变压器损耗、负载的大小和负载的功率因数。电力工程中，采用无功补偿措施，对特定的变压器，其效率取决于负载大小。变压器效率与负载系数的关系 $\eta = f(\beta)$，称为变压器的效率特性，如图 1-15 所示。可见，在某一负载时的效率最高。根据高等数学的理论，对变压

单相变压器效率特性实验

器的效率公式中的 η 求导，并令其等于零，可解出 β，即产生最大效率的条件是

$$\beta_m = \sqrt{\frac{p_{Fe}}{p_{kN}}} \tag{1-37}$$

当不变损耗（铁耗）等于可变损耗（铜耗）时，变压器的效率达到最大值。其最大效率为

$$\eta_m = \left(1 - \frac{p_0 + \beta^2 p_{kN}}{\beta_m S_N \cos\varphi_2 + p_0 + \beta^2 p_{kN}}\right) \times 100\% = \left(1 - \frac{2p_0}{\beta_m S_N \cos\varphi_2 + 2p_0}\right) \times 100\%$$

$$\tag{1-38}$$

效率的高低可以反映出变压器运行的经济性能，故它也是变压器的一项重要指标。

【例 1-3】 一台三相变压器，Y，y_n 连接，$S_N = 100\text{kVA}$，$U_{1N}/U_{2N} = 6/0.4\text{kV}$，$I_{1N}/I_{2N} = 9.63/144$，$R_k^* = 0.024$，$X_k^* = 0.0504$，$p_0 = 600\text{W}$，$p_{kN} = 2400\text{W}$。

求：（1）当负载系数 $\beta = \dfrac{3}{4}$，$\cos\varphi_2 = 0.8$（滞后）时的电压调整率及效率。

（2）效率最高是时的负载系数值及最高效率值。

解：（1）$\cos\varphi_2 = 0.8$，则 $\sin\varphi_2 = 0.8$

$$\Delta u = \beta(R_k^* \cos\varphi_2 + X_k^* \sin\varphi_2) \times 100\%$$

$$= \frac{3}{4}(0.024 \times 0.8 + 0.0504 \times 0.6) \times 100\% = 3.7\%$$

$$\eta = 1 - \frac{p_0 + \beta^2 p_{kN}}{\beta S_N \cos\varphi_2 + p_0 + \beta^2 p_{kN}}$$

$$= 1 - \frac{600 + \left(\frac{3}{4}\right)^2 \times 2400}{\frac{3}{4} \times 100 \times 10^3 \times 0.8 + 600 + \left(\frac{3}{4}\right)^2 \times 2400} = 96.85\%$$

（2）当效率最高时

$$\beta_m = \sqrt{\frac{p_0}{p_{kN}}} = \sqrt{\frac{600}{2400}} = \frac{1}{2}$$

即负载为额定值的一半时效率最高。

$$\eta_{max} = 1 - \frac{600 + \left(\frac{1}{2}\right)^2 \times 2400}{\frac{1}{2} \times 100 \times 10^3 \times 0.8 + 600 + \left(\frac{1}{2}\right)^2 \times 2400} = 97.09\%$$

任务 5 三 相 变 压 器

任务目标

（1）了解三相变压器的磁路与电路。

（2）理解时钟表示法。

（3）掌握并联运行条件及负载分配。

（4）具备三相变压器的实验与应用能力。

任务描述

进行现场教学和相关知识阅读，分析铭牌数据，讨论其应用；在实验室进行三相变压器实验与应用技能训练。

三相变压器变比测定实验

任务实施

一、现场教学

认识三相组式和芯式变压器，讨论其磁路结构，练习各种联结组接法。

联结组接法练习时，将完成同名端测定的单相变压器构成三相组式变压器，每组进行两种接法练习，通过介绍和观摩的形式，了解每一种接法及表示，应用组式变压器经验，进行芯式变压器联结组连接。

通过知识探究和现场教学，了解三相变压器的电路与磁路系统，完成现场教学信息表1-12填写。

表1-12　　　　　　　　　三相变压器现场教学信息

任务实施内容		记　录　内　容	扣分
相关知识阅读 （2分）	变压器磁路系统 （1分）		
	变压器电路系统 （1分）		
设备1： 三相组式变压器 （4分）	联结组及说明 （2分）		
	额定值 （2分）		
设备2： 三相芯式变压器 （4分）	联结组及说明 （2分）		
	额定值 （2分）		
合计得分			

二、课堂教学

进行三相变压器联结组的时钟表示法、三相变压器并联运行及条件、三相变压器并联运行负载分配等内容分析与讨论，完成必备知识信息表1-13填写。

三、技能训练——三相变压器并联运行

（1）完成变压器联结组接线。

（2）依据变压器额定值和图1-16所示线路，讨论并确定接入电源电压。

（3）编制和审核操作程序表（表1-14）。

（4）估测变压器独立空载运行、并联空载运行、负载运行各仪表示数，确定其量程。

（5）按程序操作表操作。

表 1 – 13　　　　　　　　　三相变压器必备知识信息

要求		自检	答　案	扣分
联结组的时钟表示法	理解时钟表示法的含义（10分）	时钟示法说明（2分）		
		Y，y0 连接图与高、低压向量图（4分）		
		Y，d11 连接图与高、低压向量图（4分）		
三相变压器并联运行	掌握三相变压器并联运行条件及负载分配（10分）	三相变压器并联运行条件（5分）		
		三相变压器并联负载分配（5分）		
合计得分				

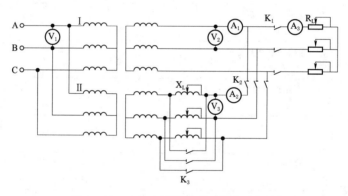

图 1 – 16　三相变压器并联运行实验电路

表 1 – 14　　　　　　　　　三相变压器并联运行操作程序

基本项	序号	操作程序	完成时添加√	备注
准备	1	检查变比和联结组，检查可调电源输出电压为零，K_1、K_2 开关处于关断位，K_3 开关处于闭合状态，各仪表量程正确		
	2	负载阻值调整为最大，电流表短接		
空载运行操作	3	接通电源总开关，电源电压指示正常		
	4	接通可调电源开关，输入输出电压指示正常		
	5	调节可调电源输出电压至变压器一次侧额定电压，观察 V_1、V_2、V_3 表示数，为其额定值，变压器进入空载运行		
并联运行操作	6	观察 V_2、V_3 表示数相等，记录其数值		
	7	观察 A_1、A_2 表示数正常		
	8	闭合 K_2 开关，变压器并联运行		

续表

基本项	序号	操　作　程　序	完成时添加√	备注
带负载运行操作	9	观察各仪表示数正常		
	10	闭合负载 K_1 开关，两台变压器并联运行		
	11	调节三相负载，记录各仪表示数		
退出运行操作	12	断开负载开关 K_1		
	13	断开并联开关 K_2		
	14	断开调压电源开关		
	15	断开实验台总开关		
结束	16	拆线、整理工具和设备		

（6）分析数据，讨论变压器并联运行条件及负载分配关系。

图 1-16 中，开关 K_3 为电感线圈 X_L 的控制开关，K_2 闭合时，为抗阻比相同的变压器并联，K_2 断开时，为抗阻比不同的变压器并联。

将开关 K_3 断开，重复以上操作，为抗阻比不同的变压器并联实验。

四、能力提升——三相变压器空载、短路、负载运行实验

1. 三相变压器空载实验

实验条件：电压加在低压侧，电压值等于电压侧额定电压。

实验线路：如图 1-17 所示，用两表法侧三相变压器的空载功率（铁耗）。

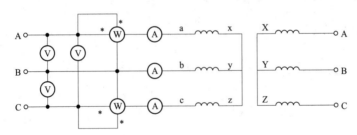

图 1-17　三相变压器空载实验电路

测量数据：变压器空载运行线电压、线电流、三相空载功率。

数据处理：

（1）根据实验数据，计算各线电压之比，然后取其平均值作为变压器的变比。

$$K_{AB}=\frac{U_{AB}}{U_{ab}}, \quad K_{BC}=\frac{U_{BC}}{U_{bc}}, \quad K_{CA}=\frac{U_{CA}}{U_{ca}}, \quad K=\frac{K_{AB}+K_{BC}+K_{CA}}{3}$$

（2）根据空载实验数据计算励磁参数。

$$U_{0L}=\frac{U_{ab}+U_{bc}+U_{ca}}{3}$$

$$I_{0L}=\frac{I_a+I_b+I_c}{3}$$

$$P_0=P_{01}+P_{02}$$

$$\cos\varphi_0=\frac{P_0}{\sqrt{3}U_{0L}I_{0L}}$$

$$R_m=\frac{P_0}{3I_{0\varphi}^2}$$

$$Z_m=\frac{U_{0\varphi}}{I_{0\varphi}}=\frac{U_{0L}}{\sqrt{3}I_{0L}}$$

$$X_m=\sqrt{Z_m^2-r_m^2}$$

三相变压器空载实验

25

等值电路：三相变压器一相空载等值电路与单相变压器空载电路相同，为 R_m、X_m 串联电路。

完成此项内容时，学生小组自行编制实验实施方案，明确成员分工，完成实验任务。

2. 三相变压器短路实验

实验条件：电压加在高压侧，调节电压，监测一次电流至额定值。

注意：电力变压器的短路电压标幺值 $U_k^* = 0.04 \sim 0.175$，为保证变压器安全，调压时电源电压限制在 $20\% U_N$ 以内。

实验线路：如图 1-18 所示，用两表法测量三相变压器的短路功率（铜耗）。

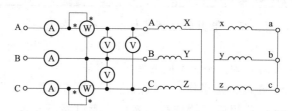

图 1-18 三相变压器短路实验电路

三相变压器
短路实验

测量数据：变压器短路运行线电压、线电流、三相短路功率。

数据处理：依据以下算式完成计算

$$U_{kL} = \frac{U_{AB} + U_{BC} + U_{CA}}{3}$$

$$R_k' = \frac{P_k}{3 I_{k\varphi}^2} \qquad R_{k75℃} = R_k \frac{234.5 + 75}{234.5 + \theta}$$

$$I_{kL} = \frac{I_{Ak} + I_{Bk} + I_{Ck}}{3} = I_{k\varphi}$$

$$Z_k' = \frac{U_{k\varphi}}{I_{k\varphi}} = \frac{U_{kL}}{\sqrt{3} I_{kL}} \qquad |Z_{k75℃}| = \sqrt{R_{k75℃}^2 + X_k^2}$$

$$P_k = P_{k1} + P_{k2}$$

$$p_{Cu} = I_1^2 R_{k75℃} = \beta^2 p_{kN}$$

$$\cos\varphi_k = \frac{P_k}{\sqrt{3} U_{kL} I_{kL}} \qquad X_k' = \sqrt{Z_k'^2 - r_k'^2} \qquad u_k\% = \frac{U_{kL}}{U_N}$$

等值电路：三相变压器一相短路等值电路与单相变压器短路电路相同，为 R_k、X_k 串联电路。

完成此项内容时，学生小组自行编制实验实施方案，明确成员分工，完成实验任务。

3. 三相变压器负载实验

实验条件：三相变压器二次侧额定电压等于负载要求线电压，电源线电压等于三相变压器一次侧额定电压；调节负载时变压器不过载。

实验线路：如图 1-19 所示，用两表法测量三相变压器的负载功率。

测量数据：变压器负载运行线电压、线电流、三相总功率。

三相变压器
负载实验

完成此项内容时，学生小组自行编制实验实施方案，测定三相变压器外特性和效率特性，依据曲线和计算公式，确定电压调整率和效率并比较它们的结果。

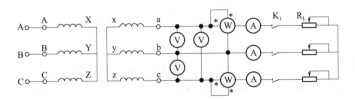

图1-19　三相变压器负载运行实验电路

知识探究

我国的电力系统均采用三相制供电，因此三相变压器的应用极为广泛。三相变压器在对称负载下运行时，其各相的电压、电流大小相等，相位彼此互差120°，即三相对称，所以三相问题可以转化为一相问题，前面导出的基本方程、等效电路和相量图等，可直接应用于三相中的任一相。但三相变压器的结构与单相变压器不同，其磁路、连接方法、绕组中的感应电动势等有其自己的特点。

一、三相变压器的磁路系统

三相变压器的磁路系统是指主磁通的磁路系统，分为组式和芯式两种结构。

1. 三相变压器组的磁路系统

将三台完全相同的单相变压器的一、二次侧绕组，按一定方式作三相连接，可组成三相变压器组（或组式三相变压器），如图1-20所示。三相变压器各相磁路是独立的且各相磁阻相同，当一次侧施加三相对称交流正弦电压时，三相空载电流是对称的，三相绕组的主磁通是对称的。

特大容量变压器或运输条件受到限制的地方，采用这种变压器组，方便运输，减少备用容量。

2. 三相芯式变压器的磁路

三相芯式变压器的铁心，是将三台单相变压器的铁心合在一起经演变而成的，如图1-21所示，常采用心柱的中心线布置在同一平面内的结构。

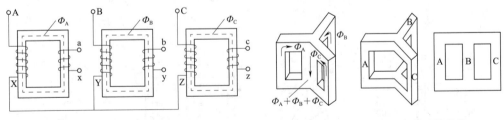

图1-20　三相变压器组磁路　　　　图1-21　三相芯式变压器磁路

这种铁心结构，两边两相磁路的磁阻比中间一相磁阻大一些。当外加三相电压对称时，各相磁通相等，但三相空载电流不等，中间那相空载电流小一些。在计算空载电流时，可取三者算术平均值。因为空载电流较小，对变压器负载影响不大。

二、三相变压器的联结组

三相变压器的一次和二次绕组构成变压器的电路系统，每一侧绕组都有星形和三角形两种连接方法，每一种接法三相绕组之间又有不同的连接形式，一、二次绕组共有 24 种组合形式，使得在绕组匝数不变的情况下输出电压不同或线电压的相位不同。反映一、二次绕组接法组合的形式，称三相变压器的联结组。例如某变压器的联结组标号是 Y_N，d11。

三相变压器的联结组由两部分构成，反映绕组接法的部分，星接用 Y 或 y 表示，三角形接法用 D 或 d 表示（大写表示高压绕组的接法，小写表示低压绕组的接法），另一部分用时钟表示法反映高低压绕组线电压相位关系的联结组标号。

时钟表示法，就是把电压相量图中高压绕组线电压 $\dot{U}_{AB}$ 看作时钟的长针，永远指向钟面上的"12"，低压绕组线电动势 $\dot{U}_{ab}$ 看作时钟的短（分）针，短针所指的点数为联结组标号。图 1-22～图 1-27 为几种联结组的接法和高低压电压向量图。图中高压绕组首、末端用 A、B、C 和 X、Y、Z 表示，低压绕组首末端用 a、b、c 和 x、y、z 表示，各相绕组参考方向均为首端指向末端，线电压 $\dot{U}_{AB}$、$\dot{U}_{ab}$ 参考方向与下标字母一致。

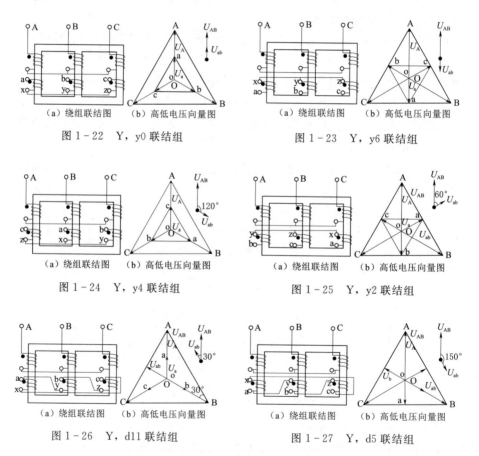

（a）绕组联结图 （b）高低电压向量图	（a）绕组联结图 （b）高低电压向量图
图 1-22　Y，y0 联结组	图 1-23　Y，y6 联结组
图 1-24　Y，y4 联结组	图 1-25　Y，y2 联结组
图 1-26　Y，d11 联结组	图 1-27　Y，d5 联结组

由于各绕组接法的不同，变压器可能的联结组号很多，对 Y，y 和 D，d 连接而言，可得 0、2、4、6、8、10 六个偶数组别；对 Y，d 和 D，y 连接而言，可得到 1、3、5、7、9、11 六个奇数组别。为了制造和运行的方便，规定三相双绕组变压器有 5 种标准联结组：Y，yn0；Y，d11；Y_N，d11；Y_N，y0；Y，y0，其中，N 或 n 表示

有中线。

Y，yn0 用作配电变压器，其二次侧可以引出中线实现三相四线制供电，可以提供动力电能和照明电能。Y_N，d11 用于 110kV 以上的高压输电线路，高压侧可以接地。

三、变压器的并联运行

变压器的并联运行是将两台或多台变压器的一次绕组和二次绕组分别接在公共母线上，同时向负载供电的运行方式。如图 1-28 所示是两台变压器并联运行时的接线图和单线图。

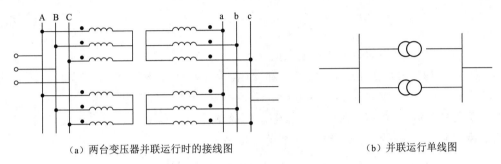

（a）两台变压器并联运行时的接线图　　　　（b）并联运行单线图

图 1-28　两台变压器并联运行

1. 并联运行的优点

（1）提高供电的可靠性。若某台变压器故障，可切除这台变压器，其他变压器仍能保证向用户供电，以减少停电事故。

（2）提高电网的运行效率。当几台变压器并联连接时，可根据负荷的大小，确定投入并联运行的台数，避免变压器轻载低效率运行。

（3）减少总的备用容量，并可随着负荷的增大，分批增加新的变压器。

2. 变压器并联运行的要求

（1）空载时并联运行的变压器二次绕组之间无环流，即二次侧电压必须相等且同相位。

（2）负载时能够按各台变压器的容量合理分担负载。

（3）负载时各台变压器二次侧电流同相位。

3. 变压器并联运行的条件

（1）各台变压器高低压绕组的额定电压分别相等，即变压器的变比相等。

（2）各变压器的联结组相同。

（3）各变压器的短路阻抗标幺值要相等，阻抗角要相等。

变压器并联运行时，条件（2）必须满足，条件（1）、（3）允许有微小的偏差。

4. 变压器并联运行时的负载分配

两台变压器并联运行一相近似等值电路如图 1-29 所示。若变压器 I 的负载系数为 β_I，短路阻抗标幺值为 $Z_{K I}^*$，短路电压的百分数为 u_{k1}；变压器 II 的负载系数为 β_{II}，短路阻抗标幺值为 $Z_{K II}^*$，短路电压的百分数为 u_{k2}。由等值电路得

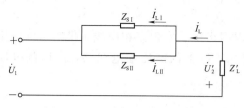

$$\frac{\dot{I}_{L\,I}^{*}}{\dot{I}_{L\,II}^{*}}=\frac{Z_{K\,II}^{*}}{Z_{K\,I}^{*}} \qquad (1-39)$$

因为负载系数与电流的标幺值相等，短路阻抗标幺值与短路电压的百分数相等，则

图 1-29　两台变压器并联运行
一相近似等值电路

$$\frac{\beta_{I}}{\beta_{II}}=\frac{u_{k\,II}}{u_{k\,I}} \qquad (1-40)$$

变压器的输出容量 $S=\beta S_{N}$，变压器分担的容量之比为

$$\frac{S_{I}}{S_{II}}=\frac{\beta_{I}}{\beta_{II}} \qquad (1-41)$$

当 $\beta=1$ 时，分担的容量达到最大值为 S_{N}。

【例 1-4】　两台变压器并联运行，联结组为 Y，d11，额定电压都是 $U_{1N}/U_{2N}=$ 35/10kV，$S_{N1}=2000$kVA，$u_{k\,I}=6\%$，$S_{N2}=1000$kVA，$u_{k\,II}=6.6\%$，求：（1）当总负载视在功率为 3000kVA 时，每台输出的视在功率为多少？（2）在不使任何一台过载的情况下，并联组能输出的最大线电流是多少？

解：（1）由 $\dfrac{\beta_{I}}{\beta_{II}}=\dfrac{u_{k\,II}}{u_{k\,I}}$，$S=\beta S_{N}$　得　$\begin{cases}\dfrac{\beta_{I}}{\beta_{II}}=\dfrac{u_{k\,II}}{u_{k\,I}}=\dfrac{6.6}{6}=1.1\\[2mm]\beta_{I}S_{I}+\beta_{II}S_{II}=S=3000\end{cases}$

解得 $\beta_{I}=1.03$，$\beta_{II}=0.94$

$$S_{I}=\beta_{I}S_{NI}=2060(kVA)，S_{II}=\beta_{II}S_{NII}=940(kVA)$$

（2）由 $\dfrac{\beta_{I}}{\beta_{II}}=1.1$ 分析知，两台变压器并联运行时，Ⅰ 号变压器先达到满载。

当 $\beta_{I}=1$，则　　　　　$\beta_{II}=\dfrac{u_{k\,I}}{u_{k\,II}}\beta_{I}=\dfrac{6}{6.6}\times1=0.91$

输出总功率　$S=\beta_{I}S_{I}+\beta_{II}S_{II}=1\times2000+0.91\times1000=2910$kVA

输出线电流为　　　　　$I_{2L}=\dfrac{S}{\sqrt{3}U_{2}}=\dfrac{2910\times10^{3}}{\sqrt{3}\times1000}=168$A

课程思政——我国变压器的发展史

早在 1887 年，世界上第一台配电变压器在欧洲诞生。世界上的第一台变压器铁心由于是采用碳素钢制成，从而导致变压器体积过大，重量大，不能用于实际应用。也因为这种碳素钢铁心变压器导磁率低，磁感应强度 B 值偏小，导致变压器一次线圈和二次线圈匝数过多，一次二次线圈轴向和幅向尺寸偏大。

1904 年，欧洲有人发现，往碳素钢里加入 $0.8\%\sim4\%$ 的硅元素，碳素钢铁心导磁率会大大提高，这是变压器工业史上的大变革。因为碳素钢铁心里加入少量硅元素，故人们把这种新铁心材料叫做"硅钢片"。自从有了硅钢片后，变压器体积质量大大下降。磁感应强度 B 值大大提高，最高可达到 $19000G_{S}$。

在新中国成立前，中国仅有少量的修配变压器厂。由于帝国主义压榨，中国变压器工业极为落后，落后西方列强 100 年有余。在伟大的中国共产党解放全中国后，中国变压器制造业大有进步，中国与西方列强变压器制造技术差距缩小到 70 年。

在 20 世纪 60 年代前，中国所生产的变压器大都模仿苏联，而苏联对中国在变压器技术上有所保留，从而导致中国变压器制造技术始终处于模仿状态，中国没有自主研发变压器的能力。

中国在改革开放之前生产的变压器型号大多为 SJ 型和 SJL 型。这类变压器损耗大、噪声大、不环保、性能落后。直到 1990 年，中国大都生产 S7 型变压器。S7 型号变压器大概相当于欧洲 20 世纪 40 年代水平。20 世纪 90 年代到 2000 年，中国陆续生产了 S8、S9、S10 型三种节能型变压器。

历史的车轮走到 21 世纪，中国生产出 S11 型节能变压器，但只相当于西方列强 80 年代水平。之后中国陆续研制出了 S12、S13、S14、S15、S16、S17 和渐开线铁心变压器以及非晶合金铁心变压器。

目前全世界最大的电力变压器在中国，单变容量 1500MVA，中国变压器电压等级最高达 1100kV。

项目二 异步电机及应用

项目概述

异步电动机是交流电动机，具有结构简单、制造方便、坚固耐用、运行可靠、价格低廉、检修维护方便等优点。它被广泛地用来驱动各种金属切削机床、起重机、锻压机、传送带、铸造机械、功率不大的通风机及水泵等。据统计，在供电系统的动力负载中，约有85%是由异步电动机驱动。因此具备异步电动机的应用和运行能力，是从事电气运行与维护、设备安装与试验等相关岗位的能力要求之一。

通过本项目的实施，使学生掌握异步电动机的基本知识，具备异步电动机的应用能力。本项目按七个任务实施。

教学目标

（1）了解异步电机的结构、原理及作用。

（2）明确交流绕组磁动势产生的条件及特点。

（3）掌握三相异步电动机运行时的电磁关系和特性。

（4）掌握异步电动机的技术数据意义及测定方法。

（5）初步具备异步电动机的应用和运行能力。

技能要求

（1）能按铭牌连接异步电动机绕组。

（2）能根据负载选用电机。

（3）能够完成电机日常运行与维护工作。

任务1 认识三相异步电动机

任务目标

（1）了解异步电动机的结构与类型。

（2）理解异步电动机的工作原理。

（3）掌握异步电动机铭牌数据的意义。

（4）具备应用铭牌数据分析异步电动机性能和状态的能力。

任务描述

进行现场教学和相关知识阅读，抄录和分析铭牌数据，讨论其应用；在实验室进行绕组接法训练和转速及转向的测量。

任务实施

一、现场教学

认识常见的三相异步电动机，如图2-1所示。

（a）MD1CH系列冲压电动机

（b）油泵专用端盖三相交流异步电动机

（c）交流异步伺服电动机

（d）绕线式异步电动机

图2-1 常见的三相异步电机种类

通过知识探究和现场设备认识，了解异步电动机类型及应用、三相异步电动机结构及作用，抄录三相异步电动机铭牌数据，讨论其意义，完成现场教学信息表2-1填写。

三相异步电动机的结构

表2-1   现 场 教 学 信 息

任务实施内容		记 录 内 容	知识应用	扣分
相关知识阅读（4分）	异步电动机类型（2分）			
	三相异步电动机基本结构及作用（2分）			
设备1三相鼠笼式异步电动机（2分）	型号及说明（1分）			
	额定值及意义（1分）			
设备2三相绕线式异步电动机（2分）	型号（1分）			
	额定值及意义（1分）			

续表

任务实施内容		记 录 内 容	知识应用	扣分
设备3 单相异步 电动机 （2分）	型号 （1分）			
	额定值及意义 （1分）			
合计得分				

二、技能训练

1. 三相异步电动机的基本应用

依据鼠笼式三相异步电动机铭牌数据，完成以下任务：

（1）确定绕组的接法，并完成连接。

（2）讨论三相异步电动机接入电源电压。

（3）讨论测量电机电压、电流、功率选用的仪表及仪表的量程和接法。

将讨论结果记录表2-2。

表2-2 　　　　　　　　　　　三相异步电动机铭牌数据及应用

三相定子绕组接法及接线图			
额定数据	电压	电流	功率
测量仪表量程选择			

2. 三相异步电动机空载运行操作

（1）绘制具有电压、电流、功率监测仪表的电机供电电路图。

（2）按图完成接线。

（3）检查无误，通电操作。

（4）观测电动机起动电流，空载运行电压、电流和功率。

将数据记录于表2-3中。

表2-3 　　　　　　　　　　　　三相异步电动机空载运行

具有电压、电流、功率监测 仪表的电动机供电电路图			
空载运行数据	电压	电流	功率

3. 三相异步电动机反向运行

在上述电路结构下，调节电机接入电源相序，观测电机转向与转速变化，并将数据记录于表2-4中。

表2-4　　　　　三相异步电动机铭牌数据及应用

电机转速与转向	正 相 序		负 相 序	
	速度	转向	速度	转向
数 据 分 析				

三、能力提升

通过知识探究和给定异步电动机额定数据分析，讨论给定电机运行状态和特征，运行电压与电流的正常波动范围。完成能力提升训练信息表2-5和表2-6填写。

表2-5　　　　　能力提升训练信息1

要求		自检	答　案	扣分
电动机空载运行	掌握电动机空载运行特征，投入空载运行操作程序，能判断监测仪表示数范围（10分）	空载运行条件与特征（2分）		
		操作程序（4分）		
		空载运行监测仪表示数范围（2分）		
		估测负载运行监测仪表示数范围（2分）		
合计得分				

表2-6　　　　　能力提升训练信息2

应用	训 练 内 容	答　案	扣分
额定数据及应用	一台三相异步电动机的 $f_N = 50Hz$，$n_N = 960r/min$，该电动机的极对数和额定转差率是多少？另有一台4极三相异步电动机，$s_N = 0.03$，其额定转速为多少？（10分）		
	已知一台D连接的Y132M-4型异步电动机 $P_N = 7.5kW$，$U_N = 380V$，$n_N = 1440r/min$，$\cos\varphi_N = 0.82$，$\eta_N = 87\%$，求其额定相电流和线电流。（10分）		
得分			

知识探究

一、三相异步电动机结构

三相异步电动机由两个基本部分组成，固定部分（即定子）和转动部分（转子）。此外还有端盖、风扇等附属部分。按转子结构类型可分为鼠笼型异步电动机和绕线型异步电动机，图2-2为鼠笼型异步电动机结构展开图。

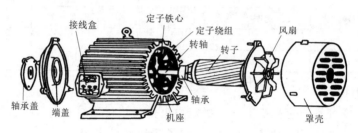

图2-2 鼠笼型异步电动机结构展开图

1. 定子部分

（1）机座。机座是异步电动机的外壳，用来固定和支撑电机各个部件，承受和传递扭矩，还能形成电机冷却风路，一部分或作为电动机的散热面。

机座按安装结构型式可分为卧式和立式两种。中小型异步电动机一般都采用铸铁机座，并根据不同的冷却方式而采用不同的机座型式。为了加强散热能力，在机座的外表面有很多均匀分布的散热筋，以增大散热面积。对于大中型异步电动机，一般采用钢板焊接的机座。

（2）定子铁心。定子铁心是异步电动机主磁通磁路的一部分，并起固定定子绕组的作用。为增强导磁能力和减小铁心涡流损耗，定子铁心常用厚0.5mm的硅钢片冲片叠压而成，铁心内圆有均匀分布的槽，用以嵌放定子绕组，冲片上涂有绝缘漆或经氧化处理使硅钢片表面形成氧化膜（小型电动机也有不涂漆的）。

（3）定子绕组。定子绕组是三相异步电动机的电路部分，由多个线圈按一定规律连接而成的一个三相对称结构。为保证其机械强度和导电性能，其材料一般采用紫铜，有时也采用铝导线绕制。定子三相绕组的六个出线端引至接线盒，首端分别标为 U_1、V_1、W_1，末端分别标为 U_2、V_2、W_2，可以根据需要接成星形或三角形。盒中接线柱的布置如图2-3所示。

2. 转子部分

（1）转子铁心。转子铁心仍是电动机磁路的一部分，同时还用来嵌放转子绕组。转子铁心也是用厚0.5mm的硅钢片叠压而成，并套在转轴上或转子支架上。

（2）转子绕组。异步电动机的转子绕组分为绕线型与笼型两种，相应的电机分别叫做绕线型异步电动机与笼型异步电动机。

1）绕线型转子绕组。它也是一个三相对

三相鼠笼式异步电动机星接和角接

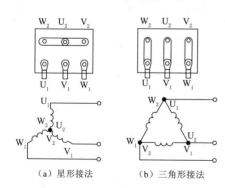

（a）星形接法　（b）三角形接法

图2-3 定子绕组接法接线柱布置

称绕组，一般接成星形，三根引出线分别接到转轴上的三个彼此绝缘的集电环上，通过电刷装置与外电路相连。这样就可以在转子电路中串接电阻以改善电动机的运行性能，如图2-4所示。

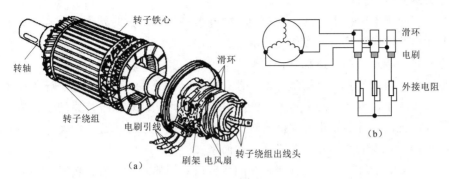

图2-4　绕线型异步电动机转子

2）笼型绕组。在转子铁心的每一个槽中插入一铜条，在铜条两端各用一铜环（称为端环），把导条连接起来，这称为铜排转子，如图2-5（a）所示。也可用铸造的方法，把转子导条和端环、风扇叶片用铝液一次浇铸而成，称为铸铝转子，如图2-5（b）所示。笼型绕组因结构简单、制造方便、运行可靠，所以得到广泛应用。

3．其他部分

异步电动机除了定子和转子外，还包括轴承装置、端盖、风扇、接线盒、吊环和防护装置等。端盖起防护作用，轴承用以支撑转轴，风扇用来通风冷却电动机。

二、三相异步电动机工作原理

三相异步电动机的定子上嵌有三相对称绕组，而转子绕组则是一个自成回路的三相或多相绕组。如图2-6所示，图中磁场为定子绕组通电后产生的合成磁场。

三相异步电动机工作原理

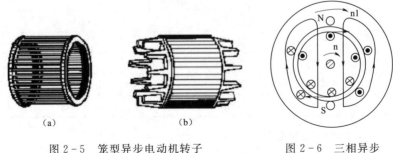

图2-5　笼型异步电动机转子　　图2-6　三相异步
电动机的转动

当绕组与三相对称电源接通后，三相对称电流所形成的合成磁场将是一个单方向的旋转磁场（称为旋转磁场）。现假设该磁场沿顺时针方向旋转，由于转子导条与定子旋转磁场之间存在相对切割速度时，转子导体就会切割磁力线而感应电动势（其方向可由右手定则判定）。因为转子绕组自成封闭回路，所以转子导条中会有电流出现，该载流导体在定子磁场中将受到电磁力（其方向可由左手定则判定）的作用，该电磁力会形成与定子磁场旋转方向相同的电磁转矩，推动转子旋转，从而将输入的电功率转变为机械能输出，这就是异步电动机的基本工作原理。

由于异步电动机的定子和转子之间没有电的联系，能量的传递靠电磁感应作用，故亦称为感应电动机。

在三相异步电动机中，转子转动的方向与磁场的旋转方向始终是一致的，要改变异步电动机的转向，只需要改变旋转磁场的方向。

通常将旋转磁场的转速称为同步转速，用 n_1 表示，若设转子转速为 n，则定子磁场与转子之间就没有相对运动，即不存在电磁感应关系，不能在转子导体中感应电动势并形成电流，也就无法在转子上产生电磁转矩，从而难以维持原转子转速继续旋转，所以，正常运行的异步电动机的转子速度不可能等于磁场旋转的速度，而是略小于同步转速，异步电动机异步的名称由此而来。

为了表征转子转速与定子旋转磁场同步转速之间的差异，转子转速 n 与同步转速 n_1 之差称为转差，用 Δn 表示，转差与同步转速 n_1 之比，称为转差率 s。即

$$s=\frac{\Delta n}{n_1}\times100\% \qquad (2-1)$$

三相异步电动机的安装与拆卸

转差率 s 是决定异步电动机运行情况的一个基本数据，也是异步电动机一个很重要的参数。对分析和计算异步电动机的运行状态及其机械特性有着重要的意义。当异步电动机在额定运行时，其转差率很小，一般在 0.01～0.06 之间。

三、三相异步电动机的铭牌数据

与变压器相同，在异步电动机的机座上也装有一个铭牌，铭牌上标有电动机的型号、绕组的接法、功率、电压、电流和转速等额定数据，这些数据是正确选择和使用电动机的依据。表 2-7 是一台型号为 Y-90L-4 的三相异步电动机的铭牌数据。

表 2-7　　　　　　　　　　　三相异步电动机的铭牌数据

三相异步电动机					
型号	Y-90L-4	电压	380V	接法	Y
功率	3kW	电流	6.4A	工作方式	连续
转速	1460r/min	功率因数	0.85	温升	75℃
频率	50Hz	绝缘等级	B	出厂年月	×年×月
×××电机厂		产品编号	重量	××kg	

1. 三相异步电动机的额定值

（1）额定功率 P_N。额定功率是指在满载运行时三相异步电动机轴上所输出的机械功率，同时也是电动机长期运行所不允许超过的最大值，以千瓦（kW）或瓦（W）为单位。

（2）额定电压 U_N。额定电压是指电动机额定运行时定子绕组上所加的线电压。三相异步电动机要求所接的电源电压值的变动一般不应超过额定电压的 ±5%。电压过高，电动机容易烧毁；电压过低，电动机难以起动，即使起动后电动机也可能带不动负载，同样容易烧坏电机。额定电压的单位为伏（V）或千伏（kV）。

（3）额定电流 I_N。额定电流是指三相异步电动机在额定电源电压下，输出额定功率时，流入定子绕组的线电流，同时也是电动机长期运行所不允许超过的最大值，以安（A）为单位。若超过额定电流长期过载运行，三相异步电动机就会过热乃至烧毁。

（4）额定转速 n_N。额定转速是指三相异步电动机额定运行状态时电动机每分钟的转速，单位为转/分（r/min）。电动机运行状态时，转子转速略小于同步转速。如某电机额定转速 $n=1440\text{r/min}$，同步转速 $n_1=1550\text{r/min}$。

（5）额定功率因数 $\cos\varphi_N$。电动机在额定状态运行时，定子侧的功率因数。

（6）额定频率 f_N。额定频率是指三相异步电动机额定运行时所接的交流电源每秒钟内周期变化的次数。我国规定标准电源频率为 50Hz。所以除出口产品外，国内使用的交流异步电动机的额定频率均为 50Hz。

在三相异步电动机内存在如下关系

$$P_N=\sqrt{3}U_NI_N\cos\varphi_N\eta_N \tag{2-2}$$

式中　　η_N——额定效率。

2. 型号

异步电动机的型号是由汉语拼音的大写字母与阿拉伯数字组成，其中汉语拼音字母是根据电机全名称选择有代表意义的汉字，用该汉字的第一字母组成。下面以一具体型号说明其意义。

3. 绝缘等级

绝缘等级是指三相异步电动机所采用的绝缘材料的耐热能力，它表明三相异步电动机允许的最高工作温度。三相异步电动机的材料等级见表 2-8。

表 2-8　　　　　　　　　　　三相异步电动机材料等级

等级	绝缘材料	允许最高温度/℃
A	用普通绝缘漆浸渍处理的棉纱、丝、纸及普通漆包线的绝缘漆	105
E	环氧树脂、聚酯薄膜、青壳纸、三醋酸纤维薄膜、高强度漆包线的绝缘漆	120
B	云母、玻璃纤维、石板（用有机胶黏合或浸渍）	130
F	云母、玻璃纤维、石板（用合成胶黏合或浸渍）	155
H	云母、玻璃纤维、石板（用硅有机树脂黏合或浸渍）	180

4. 工作方式

电动机的工作方式也叫定额，是指三相异步电动机在规定的工作条件下运行的持续时间或工作周期，分为连续工作、短时工作、断续工作三种方式。

（1）连续工作方式。连续工作方式是指电动机带额定负载运行时，运行时间很长，电动机的温升可以达到稳态温升的工作方式（电动机本身的温度与标准环境温度（40℃）的差值称为温升）。

（2）短时工作方式。短时工作方式是指电动机带额定负载运行时，运行时间很短，使电动机的温升达不到稳态温升；停机时间很长，使电动机的温升可以降到零的工作方式。

（3）周期断续工作方式。周期断续工作方式是指电动机带额定负载运行时，运行时间很短，使电动机的温升达不到稳态温升；停止时间也很短，使电动机的温升降不到零，工作周期小于10分钟的工作方式。

5. 接法

三相异步电动机定子绕组的连接方法有星形（Y）和三角形（D）两种。定子绕组的连接只能按规定方法连接，不能任意改变接法，否则会损坏三相电动机。

6. 防护等级

防护等级表示三相异步电动机外壳防止异物和水进入电机内部的等级。其中 IP 是防护等级标志符号，其后面的两位数字分别表示电机防固体和防水能力。数字越大，防护能力越强。

四、三相异步电动机的主要系列简介

1. Y 系列

Y 系列是一般用途的小型笼型电动机系列，取代了原先的 JO2 系列。额定电压为 380V，功率范围为 $0.55\sim90$kW，同步转速为 $750\sim3000$r/min，外壳防护型式为 IP44 和 IP23 两种，B 级绝缘，适用于驱动无特殊要求的各种机械设备，如：机床、泵、风机等。

2. JDO_2 系列

JDO_2 系列是小型三相多速异步电动机系列。主要用于各式机床以及起重传动设备等需要多种速度的传动装置。

3. JR 系列

JR 系列是中型防护式三相绕线式转子异步电动机系列，容量为 $45\sim410$kW。

4. YR 系列

YR 系列是大型三相绕线转子异步电动机系列，容量为 $250\sim2500$kW，主要用于冶金工业和矿山中。

任务 2 交流绕组及嵌放

三相异步电动机的主要系列

任务目标

（1）了解交流绕组的构成原则和分布规律。

（2）理解旋转磁场的产生及特点。

（3）掌握交流绕组的基本术语及参数计算。

（4）能够识读和绘制交流绕组展开图。

（5）能够根据绕组展开图确定绕组的嵌放规律。

任务描述

进行交流绕组相关知识探索，学习描述交流绕组的常用术语、参数及计算方法，学习绕组展开图的绘制，并对电机的绕组展开图进行识读，依据绕组展开图进行绕组嵌放练习和规律分析。

任务实施

一、课堂教学

阅读和学习三相交流绕组的基本知识，完成必备知识信息表 2－9 的填写。

表 2－9　　　　　　　　　　必 备 知 识 信 息 一

要求		自检	答　案	扣分
三相交流绕组的基本知识	了解对交流绕组的基本要求，掌握交流绕组的类型和基本概念（20分）	对三相交流绕组基本要求（5分）		
		交流绕组类型（5分）		
		交流绕组相关基本概念（10分）	元件 电角度 机械角度 极距 节距 槽距角 每极每相槽数 相带 极相组 绕组展开图	
合计得分				

二、技能训练——绕组展开图的识读

1. 绕组基本参数计算

阅读和学习三相交流绕组参数的基本知识，完成必备知识信息表 2－10 的填写。

表 2－10　　　　　　　　　　必 备 知 识 信 息 二

要求		自检	答　案	扣分
三相交流绕组参数计算	掌握交流绕组参数计算公式（20分）	极距（5分）		
		槽距角（5分）		
		节距（5分）		
		每极每相槽数（5分）		
合计得分				

2. 三相单层等元件交流绕组展开图识读

阅读和学习三相交流绕组展开图知识，完成表 2-11 的填写。

表 2-11　　　　　　　　　三 相 单 层 绕 组 识 读

要求	自检	答　　案	扣分
单层绕组展开图识读	掌握单层绕组展开图识读方法（20分）	绕组结构分析（5分）		
		绕组基本参数（5分）		
		极相绕组的连接（5分）		
		A 相绕组构成与连接说明（5分）		
合计得分			

3. 三相双层交流绕组展开图识读

阅读和学习三相交流绕组展开图知识，完成表 2-12 的填写。

表 2-12　　　　　　　　　三 相 双 层 绕 组 识 读

要求	自检	答　　案	扣分
双层绕组展开图识读	掌握双层绕组展开图识读方法（20分）	绕组结构分析（5分）		
		绕组基本参数（5分）		
		极相绕组的连接（5分）		
		A 相绕组构成与连接说明（5分）		
合计得分			

三、技能提高——绕组展开图的绘制及绕组嵌放

阅读和学习三相交流绕组绘制知识，完成表 2-13 的填写。

知识探究

一、三相交流绕组的基本知识

1. 三相交流绕组的构成要求

（1）必须形成三相对称绕组（即各相绕组结构相同、匝数相等，且在空间上互差 120°电角度），以获得对称的三相感应电动势和磁动势。

（2）在一定数目的导体下，能获得较大的电动势和磁动势。

表 2-13 三相绕组展开图绘制

内容	自检	答案	扣分
单层绕组 (15分)	绕组展开图绘制步骤 (5分)		
	绘制链式单层绕组展开图 参数：$Z=24$ $2p=4$ $m=3$ $2a=1$ (5分)		
	绕组嵌放练习嵌放规律总结 (5分)		
双层绕组 (5分)	绘制双层叠绕组展开图 参数：$Z=24$ $2p=4$ $m=3$ $2a=1$ (5分)		
合计得分			

（3）电动势和磁动势中的谐波分量应尽可能小，绕组合成电动势和磁动势的波形力求接近正弦波。

（4）端部连线尽可能短，以节省用铜量。绝缘性能好，机械强度高，散热条件好，制造工艺简单，便于安装检修。

2. 交流绕组的类型

三相交流绕组按照槽内线圈边的层数可分为单层绕组和双层绕组。单层绕组按连接方式不同可分为等元件式、交叉式、同心式绕组等；双层绕组则分为叠绕组和波绕组。

等元件式绕组由节距相等的线圈构成。交叉式绕组是由线圈个数和节距都不相等的两种线圈组构成的，同一线圈组中各线圈的形状、几何尺寸和节距均相等，各线圈组的端部都互相交叉。同心式绕组由几个几何尺寸和节距不等的线圈连成同心形状的线圈组所构成。

双层叠绕组每个槽内导体分作上、下两层，线圈的一个边在一个槽的上层，另一个边则在另一个槽的下层，因此总的线圈数等于槽数。

单层绕组与双层绕组相比，电气性能稍差，但槽利用率高，制造工时少，因此小容量电动机中（$P_N \leqslant 10 kW$）一般都采用单层绕组。单层绕组中应用最为广泛的又有单向交叉式绕组，单层同心式绕组，双层叠绕组等。

3. 交流绕组的基本概念

掌握有关交流绕组的基本概念，是分析三相绕组的排列和连接规律。交流绕组的基本概念以下几种。

（1）电角度与机械角度。电机圆周在几何上分成 360°。这个角度称为机械角度。从电磁观点来看，当导体切割磁场的过程中，每经过一对磁极，导体中所产生感应电动势刚好变化一个周期，即经过 360°电角度，也就是说一对磁极所占有的空间为 360°电角度。若电机圆周上有 p 对磁极，则电机一个圆周的电角度为 $p \times 360°$，所以空间电角度与空间机械角度之间的关系为

$$电角度 = p \times 机械角度 \tag{2-3}$$

（2）极距 τ。相邻两个磁极轴线之间沿定子铁心内圆表面的距离称为极距 τ，它也是每一个磁极所占有的空间距离。常用对应的槽数来表示，当定子铁心的槽数为 Z，磁极对数为 p 时，则极距为

$$\tau = \frac{Z}{2p} \tag{2-4}$$

因为 Z 个槽占有的空间电角度为 $p \times 360°$，所以一个极距所对应的空间电角度恒为 180°。

（3）线圈及其节距。交流绕组由若干线圈构成，即线圈是构成交流绕组的基本单元，又称为绕组元件。线圈分为单匝线圈和多匝线圈。线圈形状只有两种，一种是叠绕组线圈，另一种是波绕组线圈。将线圈按一定规律的排列和连接构成绕组。

线圈中嵌放在槽内的部分称为线圈的有效边，有效边之间的连接部分称为端部，一个线圈内的两个有效边沿铁心内圆表面的距离，称为节距 y，常用槽数来表示。为使每一个线圈能获得尽可能大的感应电动势，节距 y 应接近或等于极距 τ，当 $y = \tau$ 时为整距绕组，$y > \tau$ 时为长距绕组，$y < \tau$ 时为短距绕组。由于长距绕组用铜量较多，所以一般不采用。

（4）槽距角 α。相邻两个槽之间的电角度称为槽距角 α。电机的槽是均匀分布在圆周上的，若圆周总槽数为 Z，电机极对数为 p，则

$$\alpha = \frac{p \times 360°}{p} \tag{2-5}$$

（5）每极每相槽数 q。每一个极下每相占有的槽数称为每极每相槽数，以 q 表示

$$q = \frac{Z}{2pm} \tag{2-6}$$

式中 m——交流绕组的相数。

（6）相带。每相绕组在一个磁极下所连续占有的宽度（用电角度表示）称为相带。在异步电动机中，一般将每相所占的槽数均匀地分布在每个磁极下，因为每个磁极占有的电角度是 180°，对三相绕组而言，每相占有 60°的电角度，称为 60°相带。由于三相绕组在空间彼此要相距 120°电角度。所以相带的划分沿定子内圆应依次为 U_1、W_2、V_1、U_2、W_1、V_2，如图 2-7 所示。这样只要掌握了相带的划分和线圈的节

距，就可以掌握绕组的排列规律。

（7）极相组。将每个磁极下属于同一相的连续 q 个槽数中的线圈按一定方式串联而成的线圈组，称为极相组。

二、三相交流绕组的平面展开图

所谓绕组展开图，就是假想电机的定子绕组从某个齿的中间沿轴向剖开并展成平面的连接图。图 2-7 中

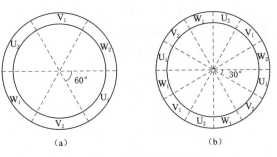

图 2-7 60°相带三相绕组

用 Z 条等长、等距的实线和相应的虚线分别表示槽上层线圈的有效边和槽下层线圈的有效边（单层绕组无相应的虚线），磁极在定子槽的上面（表示其瞬时位置）。

1. 绕组展开图识读

三相绕组展开图识读的目的，是通过阅读绕组展开图，确定电机绕组的基本参数和结构形式。

图 2-8 为三相单层等元件绕组展开图，总槽数为 24 槽，为 4 极电机，极距 τ 为 6（槽），共有 12 个线圈，线圈节距 y_1 为 6（槽），为单层等元件叠绕组结构。

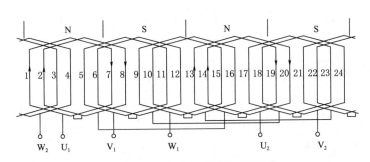

图 2-8 三相单层等元件式绕组

如图 2-9 所示绕组展开图为三相单层链式绕组，共有 12 个线圈，各极相组以链式沿铁心圆周分布，电机总槽数为 24 槽，为 4 极电机，极距 τ 为 6（槽），每极每相槽数为 2，线圈采用短距结构，节距 y_1 为 5（槽），为单层链式绕组结构。

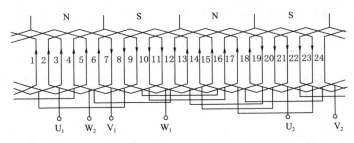

图 2-9 三相单层链式（$2p=4$ $q=2$）绕组

如图 2-10 所示为三相单层同心式绕组的绕组展开图。其连接方法是将第一对磁极下属于 U 相的两个相带最外面的线圈边相连，下一个元件依次向内推，让线圈同心地进行嵌放，故名同心式绕组。

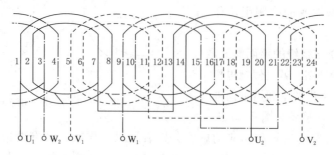

图 2-10 三相单层同心式绕组 U 相绕组

同心式绕组嵌线较为方便，但其端部连线较长，一般用于功率较小的两极异步电动机。绕组展开图为单层绕组，共有 12 个线圈，各极相组以链式沿铁心圆周分布，电机总槽数为 24 槽，为 4 极电机，极距 τ 为 6（槽），每极每相槽数为 2，线圈采用短距结构，节距 y_1 为 5（槽），为单层链式绕组结构。

图 2-11 为三相交叉式绕组展开图。$Z=36$，$2p=4$，$m=3$，则 $q=3$。其连接规律是把 $q=3$ 的三个线圈分成 $y=\tau-1$ 的两个大线圈和 $y=\tau-2$ 的一个小线圈各朝两边翻，由于绕组线圈节距较小，能节省用铜量，因此，$p \geqslant 2$、$q=3$ 的单层绕组常用交叉式绕组。

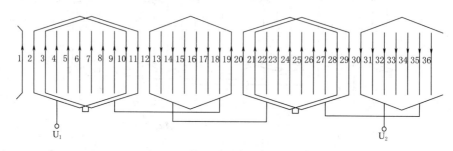

图 2-11 三相交叉式绕组 U 相绕组

2. 绕组展开图绘制

绕组展开图是在确定绕组参数的基础上进行绘制的，基本步骤如下：

（1）绘出 Z 条代表电机槽中上下层有效边的实、虚线，并按从左至右的顺序进行编码（单层绕组无相应的虚线）。习惯上，线圈的编号与其上层边所在的槽号相同。

（2）将定子总槽数 $2p$ 等分，每一等分表示一个磁极，N、S 极交替排列。

（3）将每个极下分成三小等分，每小等分代表每极每相槽数（60°相带），一台电机共有 $2pm$ 个相带。

（4）将 $2pm$ 个相带对称分配给 U、V、W 三相绕组。为实现对称性，每个极下相带分配顺序为 U_1、W_2、V_1、U_2、W_1、V_2。

（5）确定线圈的节距，画绕组展开图。

【例 2-1】　三相异步电动机，采用整距等元件单叠绕组，总槽数 $Z = 24$，$2p = 4$，$m = 3$，$2a = 1$，试绘出绕组展开图。

解：（1）计算绕组数据。

$$\tau = \frac{Z_1}{2p} = \frac{24}{4} = 6$$

$$q = \frac{Z_1}{2m_1 p} = \frac{24}{2 \times 3 \times 2} = 2$$

$$\alpha = \frac{p \times 360°}{Z} = \frac{2 \times 360°}{24} = 30°$$

采用整距等元件结构，绕组的节距与极距相等

$$y_1 = \tau = 6$$

（2）画槽、编号、等分磁极，如图 2-12 所示。

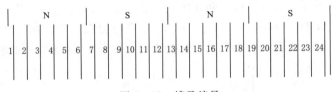

图 2-12　槽及编号

（3）划分并按 U_1、W_2、V_1、U_2、W_1、V_2 顺序分配相带，如图 2-13 所示。

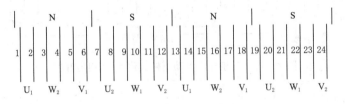

图 2-13　划分相带并按对称性分配

（4）按节距构成线圈，按电势最大连接线圈，构成 U 相绕组，如图 2-14 所示。

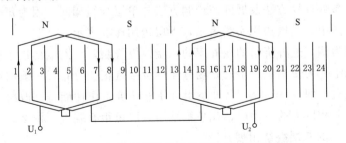

图 2-14　整距等元件单叠绕组 U 相展开图

（5）保持 120° 相位差绘出其他相绕组展开图，如图 2-15 所示。

【例 2-2】　三相异步电动机，采用单叠绕组，总槽数 $Z = 24$，$2p = 4$，$m = 3$，$2a = 1$，$y_1 = 5$ 试绘出绕组展开图。

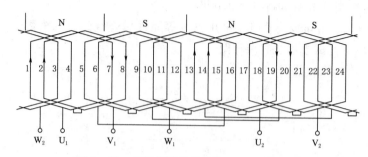

图 2-15　整距等元件单叠绕组 U 相展开图

分析：此题与［例 2-1］槽数、极数、相数相同，绕组参数 τ、q、α 相同。

解：（1）计算绕组数据同［例 2-1］，即

$$\tau = 6 \text{ 级}；\quad q = 2 \text{ 槽}；\quad \alpha = 30°$$

（2）画槽、编号、等分磁极，同［例 2-1］。

（3）划分并按 U_1、W_2、V_1、U_2、W_1、V_2 顺序分配相带，同［例 2-1］。

（4）按节距构成线圈，按电势最大连接线圈，构成 U 相绕组，如图 2-16 所示。

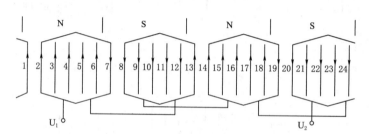

图 2-16　三相异步电动机链式绕组 U 相展开图

3. 双层绕组

双层绕组是铁心的每个线槽中分上、下两层嵌放两条线圈边的绕组。为了使各线圈分布对称，嵌线时一般某个线圈的一条边如在上层，另一条则一定在下层，其绕组的构成原则、参数计算方法及展开图绘制方法与单层绕组相同。因为每个槽中有两个有效边，展开图中，上层边用实线表示，下层边用虚线表示。

以叠绕组为例，这种绕组的线圈用同一绕线模绕制，线圈端部逐个相叠，均匀分布，故称叠绕组。为使绕组产生的磁场分布尽量接近正弦分布，一般取线圈节距等于极距的 5/6 左右，即 $y = 5/6\tau$，这种绕组可使电动机工作性能得到改善，线圈绕制也方便，目前 10kW 以上的电动机，几乎都采用双层短距叠绕组。图 2-17 为 4 极，24 槽、$y = 5/(6\tau)$ 的双层叠绕组展开图。

三、交流绕组的电动势

1. 交流绕组电动势的频率

交流绕组感应电动势的频率与电机的磁极对数及该磁场与导条的切割速度有关，经推导，可得到如下关系：

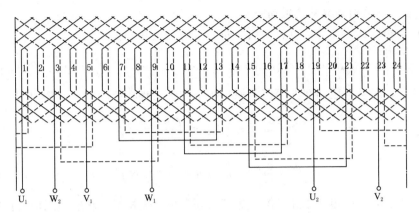

图 2-17 三相双层叠绕组展开图

$$f = \frac{p \Delta n}{60} \tag{2-7}$$

式中　p——电机的磁极对数；

　　Δn——磁场与导条的切割速度，r/min。

2. 交流绕组的电动势

应用电磁感应定律，经推导可得一相绕组的感应电动势 $E_{\phi 1}$

$$E_{\phi 1} = 4.44 f_1 N k_{w1} \Phi_1 \tag{2-8}$$

式中　f_1——基波感应电动势的频率；

　　N——每相绕组串联线圈匝数；

　　Φ_1——每极基波磁通；

　　k_{w1}——交流绕组的绕组系数，与交流绕组的结构有关，总是等于或小于1。

四、三相交流绕组的磁动势

1. 单相交流绕组的磁动势

以整距线圈为例，通入交流电后线圈磁动势建立的两极磁场如图 2-18 所示。由于交流电流是按正弦规律变化的，所以磁动势的振幅也随时间按正弦规律变化，但是磁动势幅值所在位置不变，这种性质的磁动势称为脉振磁动势，波形如图 2-19 所示。若作用在磁路上的磁动势为 $N_c i_c$，则气隙各处的磁压降 U 均等于线圈磁动势的一半。

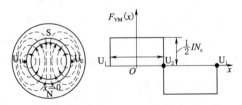

图 2-18 三相双层叠绕组展开图

对该脉振磁动势用傅立叶级数分解，磁动势可用以下公式写出

$$F_{y(r)} = F_{y1} \cos \frac{\pi}{\tau} x + F_{y3} \cos \frac{3\pi}{\tau} x + F_{y5} \cos \frac{5\pi}{\tau} x + \cdots$$

（1）单相基波脉振磁动势。单相基波脉振磁动势表达式为

$$f_{\phi 1}(x,t) = F_{y1} \cos \frac{\pi}{\tau} x = F_{\phi 1} \cos \omega t \cos \frac{\pi}{\tau} x \tag{2-9}$$

式中　$F_{\phi 1}$——单相绕组基波磁动势幅值。

（2）单相脉振磁动势的分解。由三角函数的积化和差公式，有

$$f_{\phi 1}(x,t) = \frac{1}{2}F_{\phi 1}\cos\left(\frac{\pi}{\tau}x - \omega t\right) + \frac{1}{2}F_{\phi 1}\cos\left(\frac{\pi}{\tau}x + \omega t\right) = f_{\phi 1}^{+}(x,t) + f_{\phi 1}^{-}(x,t)$$

分解后，每一个磁动势的幅值是原单相基波磁动势幅值的一半，其中

$$f_{\phi 1}^{+}(x,t) = \frac{1}{2}F_{\phi 1}\cos\left(\frac{\pi}{\tau}x - \omega t\right) \tag{2-10}$$

$$f_{\phi 1}^{-}(x,t) = \frac{1}{2}F_{\phi 1}\cos\left(\frac{\pi}{\tau}x + \omega t\right) \tag{2-11}$$

上两式表明，单相基波脉振磁动势可以分解为幅值相等、转速相同而转向相反的两个旋转磁动势。

2. 三相交流绕组的磁势

对于三相异步电动机，三相交流绕组通入三相交流电流，将产生三个单相脉振磁动势，经分解并叠加后形成的合成磁动势为（假设电流为正相序）

$$f_1(x,t) = \frac{3}{2}F_{\phi 1}\cos\left(\frac{\pi}{\tau}x - \omega t\right) \tag{2-12}$$

可见，在三相对称绕组上加上三相对称电源后，将产生一个单方向的旋转磁动势，若改变所加电源电流的相序，该磁场的旋转方向会相应改变。其转速仍为同步转速 n_1，其幅值为单相基波脉振磁动势幅值的 $\frac{3}{2}$ 倍。

（1）图解分析三相旋转磁动势的磁场。设三相绕组的首端 U_1、V_1、W_1 接在三相对称电源上，i_u 的初相角为零，三相交流电流波形如图 2-19 所示。

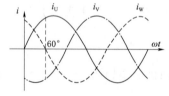

为了分析方便，假设电流为正值时，在绕组中从始端流向末端，电流为负值时，在绕组中从末端流向首端。

图 2-19　三相交流电流波形

当 $\omega t = 0°$ 的瞬间，$i_u = 0$，i_v 为负值，i_w 为正值，根据右手定则，三相电流所产生的磁场叠加的结果，便形成一个合成磁场，如图 2-20 所示，可见此时的合成磁场是一对磁极（即二极），右边是 N 极，左边是 S 极。

当 $\omega t = 60°$ 时，i_u 由零变成正值，i_v 仍为负值，$i_w = 0$，如图 2-20 中 ωt 所示，这时合成磁场的方位与 $\omega t = 0°$ 相比，已按逆时针方向转过了 60°。

应用同样的方法，可以得出如下结论：当 $\omega t = 120°$ 时，合成磁场就转过了 $\omega t = 120°$；当 $\omega t = 180°$ 时，合成磁场方向旋转了 180°，如图 2-20 中 ωt 所示；当 $\omega t = 360°$ 时，合成磁场旋转了 360°，磁场与 $\omega t = 0°$ 相同，即旋转了一周。

以上分析的是电动机产生一对磁极时的情况，当定子绕组形成多对磁极时，会得到类似的结论，即在三相对称绕组上加上三相对称电源后，将产生一个单方向的旋转磁场，且旋转磁场幅值所在位置在电流最大相所在的轴线位置。

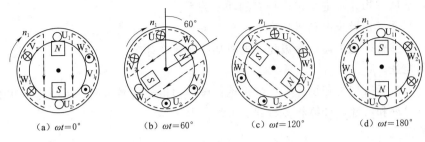

图 2-20 三相交流电流波形

(a) $\omega t=0°$　　(b) $\omega t=60°$　　(c) $\omega t=120°$　　(d) $\omega t=180°$

（2）三相旋转磁场的转速。图 2-20 中磁场为两极磁场，从图中可以看出，交流电变化一个周期，磁场旋转一周，交流电在 1s 内变化 f_1 周，旋转磁场在 1s 内转动 f_1 周，1min 内旋转磁场转动 $60f_1$ 周。分析证明，若磁场为 4 极磁场，交流电变化一个周期，旋转磁场在空间转了 180°（即半转）。以此类推，如果有 p 对磁极时，交流电每变化 1 周，其旋转磁场在空间转了 $1/p$。因此旋转磁场每分钟的转速 n_1 与定子绕组的电源频率 f_1 及磁极对数 p 的关系为

$$n_1=\frac{60f_1}{p}(\text{r/min}) \qquad (2-13)$$

由此可见，旋转磁场的转速 n_1 决定于电流的频率 f_1 和电动机磁极对数 p。我国的电源标准频率为 $f_1=50\text{Hz}$（工频），因此不同磁极对数的电动机所对应的旋转磁场转速（又称为"同步转速"）也不同，见表 2-14。

表 2-14　　　　　　　　　磁极对数与同步转速关系

p	1	2	3	4	5	6
$n_1/(\text{r/min})$	3000	1500	1000	750	600	500

（3）旋转磁场的方向。在分析二极旋转磁场时，可以看到，磁场是按顺时针方向旋转的，这是因为三相绕组 U_1U_2、V_1V_2、W_1W_2 接入电源是按相序 U、V、W 通入的，如果将三根电源线中任意两根对调，例如 V、W 两相对调，即图 2-20 中 W_1W_2 绕组通入 U 相电流，U_1U_2 绕组通入 W 相电流，磁场将会逆时针方向旋转（该内容读者可自己分析），故磁场的旋转方向与通入的三相电流相序一致。

由此可见，旋转磁场的转向与通入电流的相序一致。若改变磁场的旋转方向，只要改变绕组通入电流的相序即可。前已述及，三相异步电动机转子旋转方向与旋转磁场方向一致，因此，只要改变绕组通入电流的相序，电机的转向随之改变。

任务 3　三相异步电动机的运行

任务目标

（1）了解三相异步电动机 T 形等值电路。

（2）明确三相异步电动机运行条件。

（3）掌握三相异步电动机运行时的功率关系。

（4）掌握三相异步电动机功率与转矩关系。

（5）能够根据电机运行参数完成电机功率及效率计算。

任务描述

进行电机运行相关知识探索、电机运行操作和相关数据测定，运用运行知识分析电机运行过程和特性，计算相关数据。

任务实施

一、现场教学及操作

进行三相异步电动机空载、负载及堵转运行，分别记录数据于表中。

1. 三相异步电动机空载运行

三相异步电动机轴上不带任何机械设备时的运行状态，为空载运行状态，此时电机输出功率为零，电机的空载电流主要是用来建立磁场的，又称为励磁电流。

（1）按铭牌数据完成电机绕组连接，接入测量仪表，并接入电源。

（2）检查合格后，接通电源，观察并记录测量数据计入表 2 - 15 中。

三相异步电动机空载实验

表 2 - 15　　　　　　　　三相异步电动机空载运行　　　　　　　电机型号：

任务实施	测　量　数　据									计算数据	
电动机空载运行（5分）	电压/V			电流/A			功率/kW		转速/(r/min)		空载电流百分数 I_o/%	空载功率因数
	U_{AB}	U_{BC}	U_{CA}	I_{AO}	I_{BO}	I_{CO}	P_1	P_2	n			
得分												

2. 三相异步电动机额定负载运行

将电机连接直流发电机负载，调节负载使电机电流为额定电流时，观察并记录测量数据于表 2 - 16 中。

表 2 - 16　　　　　　　　三相异步电动机负载运行　　　　　　　电机型号：

任务实施	测　量　数　据									计算数据	
电动机负载运行（5分）	电压/V			电流/A			功率/kW		转速/(r/min)	电磁转矩/(N·m)	满载功率因数
	U_{AB}	U_{BC}	U_{CA}	I_A	I_B	I_C	P_1	P_2	n	T_2	$\cos\varphi$
得分											

3. 三相异步电动机堵转运行

三相异步电动机定子绕组接入电源，转子制动时处于堵转运行状态，是电机的短路运行状态。为保证电机安全，此时电源电压应使电机定子绕组电流等于额定电流 I_N，观察并记录各测量数据于表 2 - 17 中。

表 2 – 17　　　　　　　　　　　三相异步电动机堵转运行　　　　　　　　　电机型号：

任务实施	测　量　数　据									计算数据
电动机堵转运行（5分）	电流/A			电压/V			功率/kW		转速/(r/min)	短路功率因数
	I_A	I_B	I_C	U_{AB}	U_{BC}	U_{CA}	P_{k1}	P_{k2}	n	$\cos\varphi_k$
									0	
讨论分析（5分）	1. 若堵转时施加额定电压，电机会发生什么现象？ 2. 电机运行条件									
得分										

二、课堂教学

阅读和学习三相异步电动机运行特性的基本知识，完成基本知识信息表 2 – 18 的填写。

表 2 – 18　　　　　　　　　　　　基　本　知　识　信　息

要求	自检	答　　　案	扣分
一相等值电路（10分）	等值电路图（5分）		
	等值电路参数意义（5分）		
相异步电动机功率（10分）	功率流程图（3分）		
	各功率意义及相互关系（4分）		
	功率与转矩关系（3分）		
	合计得分		

三、能力提升

总结和应用功率关系及基本公式完成电机相关参数计算。记录于表 2 – 19 中。

表 2 – 19　　　　　　　　　　　　能　力　提　升　训　练

应用	功　率　及　关　系	扣分
功率关系及应用（15分）	一台笼型三相异步电动机，已知：额定功率 $P_N=5.5\text{kW}$，额定电压 $U_N=380\text{V}$，额定转速 $n_N=1460\text{r/min}$，绕组三角形连接，额定负载运行时定子铜耗 $\Delta p_{Cu1}=300\text{W}$，铁耗 $\Delta p_{Fe}=200\text{W}$，机械损耗与附加损耗合计 80W。计算额定负载运行时的以下参数：（1）额定转差率；（2）转子铜耗；（3）电磁转矩；（4）输出转矩；（5）额定效率	
得分		

知识探究

三相异步电动机绕组按铭牌接法连接，接入额定电压，电机进入运行状态。

同变压器相同，三相异步电动机也是利用电磁感应原理工作的，运行时的等值电路及功率传递关系，与变压器相似。

一、三相异步电动机等值电路

采用和变压器相似的分析方法，获得三相异步电动机一相的等值电路如图 2-21 所示。

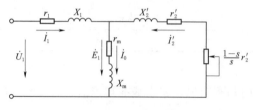

图 2-21 异步电动机 T 形等值电路

图中：r_1、x_1 为定子绕组每相电阻、漏电抗；r_2、x_2 为转子绕组每相电阻、漏电抗，折算后的数值为 r_2'、x_2'；r_m、x_m 为异步电动机励磁电阻、励磁电抗；$\frac{1-s}{s}r_2'$ 为异步电动机轴上机械负载等效电阻。

由图 2-21 可分析异步电动机运行的两种特殊情况：

（1）空载运行时：$n \rightarrow n_1$，$s \rightarrow 0$，$\frac{1-s}{s}r_2 \rightarrow \infty$，由图 2-21 可见相当于转子开路。

（2）转子堵转时（接上电源，转子被堵住不动时）：$n=0$，$s=1$，$\frac{1-s}{s}r_2=0$，相当于变压器二次侧短路情况，此时转子电流大约为额定电流的 5~8 倍，同时定子电流会随之增大，大约为额定电流的 4~7 倍，若不及时切断电源，电动机很快会因为过热而烧毁，所以在日常使用电动机时应多加注意，防止电机处于此种情况。异步电动机起动瞬间也属于这种情况。

T 形等效电路计算时比较复杂，为使计算简化，可以把励磁支路移到电源端，变成两个电路并联，如图 2-22 所示，为异步电动机的简化等效电路。

二、三相异步电动机的功率关系

三相异步电动机运行时电源向定子送入功率 P_1，在定子绕组和转子绕组中产生铜耗 Δp_{Cu1}、Δp_{Cu2}，旋转磁场在定子铁心中造成磁滞涡损耗和流损耗即铁耗为 Δp_{Fe1}。电动机在额定状态下运行时，转子电流的频率 f_2 很低（约为 1~3Hz），转子铁耗非常小可忽略不计，定子铁耗可认为是电动机的铁耗，即 $\Delta p_{Fe} = \Delta p_{Fe1}$。

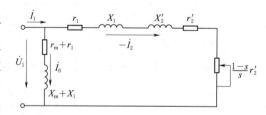

图 2-22 异步电动机的简化等效电路

异步电动机的功率关系可用 T 形等效电路图 2-21 来分析，当异步电动机通电运行时，T 形等效电路中每个电阻上均产生一个功率消耗，如：

定子电阻 r_1 产生定子铜耗 $p_{Cu1} = 3I_1^2 r_1$

励磁电阻 r_m 产生定子铁耗 $p_{Fe} = p_{Fe1} = 3I_0^2 r_m$（忽略 p_{Fe2}）

转子电阻 r_2 产生转子铜耗　　$p_{Cu2} = 3I_2'^2 r_2$

从而可得三相异步电动机运行时的功率关系如下：

从电源输入电功率 $P_1 = 3U_1 I_1 \cos\varphi_1$，去除定子铜耗和铁耗，便是定子传递给转子回路的电磁功率，即

$$P_M = P_1 - p_{Cu1} - p_{Fe} \tag{2-14}$$

电磁功率又等于等效电路转子回路全部电阻上的损耗，即

$$P_M = 3I_2'^2 \left[r_2' + \frac{(1-s)}{s} r_2' \right] = 3I_2'^2 \frac{r_2'}{s}$$

电磁功率也可表示为

$$P_M = m_2 E_2 I_2 \cos\varphi_2 \tag{2-15}$$

电磁功率去除转子绕组上的损耗，就是等效负载电阻 $\frac{1-s}{s} r_2'$ 上的功率消耗，这部分等效功耗实际上是传输给电机转轴上的机械功率，用 P_Ω 表示。它是转子绕组中电流与气隙旋转磁场共同作用产生的电磁转矩，带动转子以转速 n 旋转所对应的功率。

$$P_\Omega = P_M - p_{Cu2} = 3I_2'^2 \frac{1-s}{s} r_2' = (1-s) P_M \tag{2-16}$$

电动机运行时，还存在由于轴承等摩擦产生的机械损耗 p_Ω 及附加损耗 p_{ad}。大型电机中，p_{ad} 约为 $0.5\% P_N$，小型电机的 $p_{ad} = (1 \sim 3)\% P_N$。

转子的机械功率 P_Ω 减去机械损耗 p_Ω 和附加损耗 p_{ad}，才是转轴上真正输出的功率，用 P_2 表示。

$$P_2 = P_\Omega - p_\Omega - p_{ad} = P_\Omega - p_0 \tag{2-17}$$

可见异步电动机运行时，从电源输入电功率 P_1 到转轴上输出机械功率的全过程为

$$P_2 = P_1 - p_{Cu1} - p_{Fe} - p_{Cu2} - p_\Omega - p_{ad} \tag{2-18}$$

功率传递及关系可用流程图表示如图 2-23 所示。

从以上定量计算可以得出以下结论：三相异步电动机运行时，电磁功率、转子铜耗与机械功率三者之间的关系是

$$P_M : p_{Cu2} : P_\Omega = 1 : s : (1-s) \tag{2-19}$$

也可写成下列关系式

$$p_{Cu2} = sP_M \tag{2-20}$$

$$P_\Omega = (1-s) P_M \tag{2-21}$$

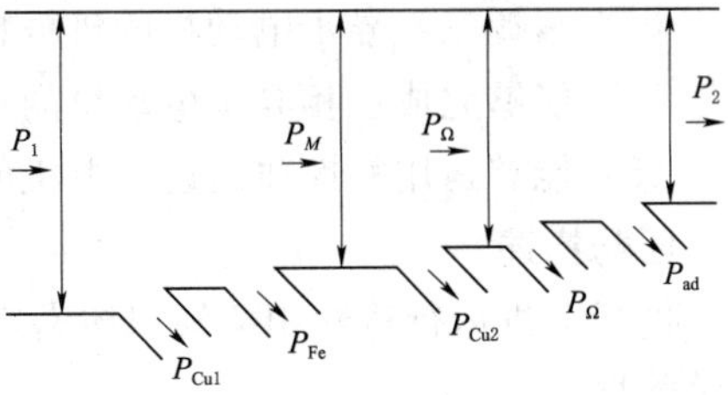

图 2-23　异步电动机功率流程

所以电磁功率一定时，电动机转速越高、转差率 S 越小，消耗在转子绕组回路的铜损耗越小，机械功率就越大，电动机的效率就越高。

三、三相异步电动机功率与转矩关系

从动力学知道，旋转体的机械功率等于作用在旋转体上的转矩与它的机械角速度的乘积，异步电动机轴上的机械功率就是电磁转矩与转子机械角速度的乘积。将式（2-16）两边同时除以转子机械角速度 Ω 即可得出转矩平衡方程式。

$$\frac{P_\Omega}{\Omega} - \frac{\Delta p_\Omega + \Delta p_{ad}}{\Omega} = \frac{P_2}{\Omega}$$

$$\frac{P_\Omega}{\Omega} = \frac{P_\Omega}{\frac{2\pi n}{60}} = \frac{(1-s)P_M}{(1-s)\frac{2\pi n_1}{60}} = \frac{P_M}{\Omega_1} = T$$

则转矩平衡方程式为

$$T - T_0 = T_L \qquad (2-22)$$

式中　T——电磁转矩；

　　　T_0——空载转矩；

　　　T_L——负载转矩。

在电力拖动系统中，常可忽略 T_0，则有

$$T \approx T_2 = T_L \qquad (2-23)$$

由转矩与功率的关系，有

$$T \approx T_L = \frac{P_2}{\Omega} = \frac{P_2}{\frac{2\pi n}{60}} = 9550\frac{P_2}{n} \qquad (2-24)$$

式中　P_2——电机轴上输出机械功率，单位 kW；

　　　n——电机转子转速，单位 r/min。

任务 4　三相异步电动机的特性

任务目标

（1）了解三相异步电动机的工作特性。

（2）掌握三相异步电动机的转矩特性及特征值。

（3）掌握三相异步电动机的机械特性。

（4）能够完成三相异步电动机的相关计算。

（5）能够运用特性曲线进行电机的工作过程分析。

任务描述

进行电机运行特性相关知识探索，运用基本知识分析电机运行过程和特性，计算相关数据。

任务实施

一、课堂教学

阅读和学习三相异步电动机运行特性的基本知识，完成基本知识信息表 2-20 的填写。

表 2－20　　　　　　　　　　　基 本 知 识 信 息

内容	自检	答　案	扣分
转矩特性（5分）	电磁转矩公式（2分）		
	异步电动机工作状态及条件（3分）		
机械特性（9分）	固有机械特性曲线及特殊点（3分）		
	降低电压的机械特性及变化（3分）		
	改变转子电阻的机械特性及变化（3分）		
工作特性（6分）	工作特性曲线（3分）		
	曲线分析（3分）		
合计得分			

二、能力提升

应用三相异步电动机特性知识，完成电机相关参数计算和分析，记录于表 2－21 中。

表 2－21　　　　　　　　　　　能 力 提 升 训 练

应用	训 练 内 容	答　案	扣分
额定数据及应用（20分）	某额定功率为 7.5kW 的异步电动机，其额定转速 $n_N = 945r/min$，Y/△ 连接，额定电压为 380/220V，额定电流为 20.9/36.1A，$s_m = 0.3$，$\lambda_k = 2.8$，求 T_N，s_N，T_{max}。（10 分）		
	有一台过载能力 $\lambda_k = 2$ 的异步电动机，当带额定负载运行时，由于电网故障，使得电网电压突然下降到额定电压的 70%，问此时对电动机有何影响？为什么？（10 分）		
得分			

知识探究

一、三相异步电动机电磁转矩的常用表达形式

电磁转矩直接影响着电动机的起动、调速、制动等性能。其常用表达式有以下三种形式。

1. 电磁转矩的物理表达式

$$T = C_T \Phi_m I_2' \cos\varphi_2 \tag{2-25}$$

式中　Φ_m——每极磁通，Wb；

　　　C_T——转矩常数，与电机结构有关。

可见，异步电动机的电磁转矩是由转子电流的有功分量与主磁通相互作用产生的。它的大小与主磁通及转子电流的有功分量的乘积成正比。

2. 电磁转矩的参数表达式

根据电机的简化等效电路，得

$$I_2' = \frac{U_1}{\sqrt{\left(r_1 + \dfrac{r_2'}{s}\right)^2 + (x_1 + x_2')^2}} \tag{2-26}$$

则电磁转矩的参数表达式

$$T = \frac{P_M}{\Omega_1} = \frac{m_1 I_2'^2 \dfrac{r_2'}{s}}{\dfrac{2\pi f_1}{p}} = \frac{3p U_1^2 \dfrac{r_2'}{s}}{2\pi f_1 \left[\left(r_1 + \dfrac{r_2'}{s}\right)^2 + (x_1 + x_2')^2\right]} \tag{2-27}$$

式中　U_1——加在定子绕组上的相电压，V；

　r_1、r_2'——定子、转子绕组电阻，Ω；

　x_1、x_2'——定子、转子绕组漏电抗，Ω。

由式（2-27）可见，当外施电压 U_1 不变，频率 f_1 不变，电机参数 r_1、r_2'、x_1、x_2' 为常值时，电磁转矩 T 是转差率 s 的函数。当 s 为某一个值时，电磁转矩有一最大值 $T_{\max}$。

令 $\mathrm{d}T/\mathrm{d}s = 0$；即可求得产生最大电磁转矩 $T_{\max}$ 时的临界转差率 s_m，即

$$s_m = \frac{r_2'}{\sqrt{r_1^2 + (x_1 + x_2')^2}} \tag{2-28}$$

将式（2-28）代入式（2-27），求得对应 s_m 的最大电磁转矩 $T_{\max}$，即

$$T_{\max} = \frac{3p U_1^2}{4\pi f_1 \left[r_1 + \sqrt{r_1^2 + (x_1 + x_2')^2}\right]} \tag{2-29}$$

由式（2-28）和式（2-29）可见：

（1）电源的频率及参数不变时，最大转矩与电压的平方成正比。

（2）最大转矩和临界转差率都与定子电阻 r_1 及定、转子漏抗 x_1、x_2' 有关。

（3）最大转矩与转子回路中的电阻 r_2' 无关；而临界转差率则与 r_2' 成正比，调节转子回路的电阻，可使最大转矩在任意 s 时出现。

转矩的参数表达式便于分析参数变化对电机运行性能的影响，可用于定量计算。

3. 电磁转矩的实用表达式

在工程计算上，为了使用方便，需使用电磁转矩的实用表达式。

通常 $r_1 \ll (x_1 + x_2')$，故可忽略 r_1 不计，经化简整理得实用表达式，即

$$\frac{T}{T_{\max}} = \frac{2}{\dfrac{s_m}{s} + \dfrac{s}{s_m}}$$

（2-30）

二、三相异步电动机的转矩特性及曲线

电磁转矩与转差率之间的关系，称为异步电动机的转矩特性。如已知 $T_{\max}$ 和 s_m，应用电磁转矩的实用表达式可方便地作出异步电动机的转矩-转差率曲线（转矩特性曲线）。图 2-24 为三相异步电动机转矩特性曲线。

从曲线中可以看出：

当 $s < 0$，则 $n > n_1$，$T \leqslant 0$，电机在外界机械带动下运转，电磁转矩方向与电机转动方向相反，为制动转矩，电机向电源回送功率，处于发电运行状态。

当 $0 \leqslant s < 1$，则 $n_1 \geqslant n$，$T > 0$，电磁转矩方向与电机转动方向相同，为驱动转矩，即电机在电磁转矩驱动下运转，电机消耗电功率，处于电动运行状态。

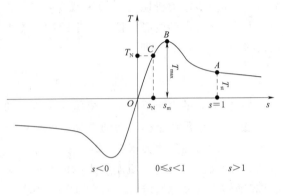

图 2-24　三相异步电动机转矩特性

当 $1 \leqslant s$，则 n 与 n_1 的方向相反，T 与 n 的方向相反，电磁转矩为制动转矩，电机处于制动状态。

三、三相异步电动机的机械特性及曲线

机械特性是指在一定条件下，电动机的转速与转矩之间的关系，即 $n = f(T)$。机械特性分固有机械特性和人为机械特性两种。

1. 固有机械特性

异步电动机的固有机械特性是指在额定电压和额定频率下，按规定方式接线，定、转子外接电阻为零时，n 与 T 的关系，即 $n = f(T)$ 曲线。

当 $U = U_N$，$f = f_N$ 时，异步电动机的固有机械特性曲线如图 2-25 所示。

曲线几个特殊点分析如下：

（1）同步点 O。在理想电动机中，$n = n_1$、$s = 0$、$T = 0$，又称理想空载运行点。

（2）额定点 C。

异步电动机额定电磁转矩等于空载转矩加上额定负载转矩，因空载转矩比较小，有时认为额定电磁转矩等于额定负载转矩。额定负载转矩可从铭牌

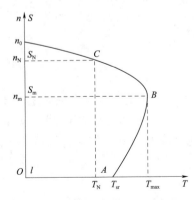

图 2-25　异步电动机的
固有机械特性曲线

数据中求得,即

$$T_N = 9550 \frac{P_N}{n_N} \tag{2-31}$$

式中 T_N——额定负载转矩,N·m;

   P_N——额定功率,kW;

   n_N——额定转速,r/min。

(3)临界点 B。一般电动机的临界转差率约为 $0.1 \sim 0.2$,在 s_m 下,电动机产生最大电磁转矩 T_m。

根据电力拖动稳定运行的条件,n-T 曲线中的 AB 段为不稳定区,BO 段是稳定运行区,即异步电动机稳定运行区域为 $0 < s < s_m$。为了使电动机能够适应在短时间过载而不停转,电动机必须留有一定的过载能力。所谓过载能力,是指最大转矩 T_{max} 与额定转矩 T_N 之比,即

$$\lambda = \frac{T_{max}}{T_N} \tag{2-32}$$

过载能力 λ 的大小反映了电机短时过负荷的能力和运行的稳定性,是异步电动机运行性能的一个重要指标,普通电动机 $\lambda = 1.6 \sim 2.2$。起重、冶金用异步电动机 $\lambda = 2.2 \sim 2.8$,冲击性负载要求 $\lambda = 2.7 \sim 3.7$ 左右。

(4)起动点 A。电动机刚接入电网,但尚未开始转动的瞬间轴上产生的转矩叫电动机起动转矩(又称堵转转矩)。此时 $n = 0$,$s = 1$,于是

$$T = T_{st} = \frac{3pU_1^2 r_2'}{2\pi f_1 [(r_1 + r_2')^2 + (x_1 + x_2')^2]} \tag{2-33}$$

由上式可以看出:

1)当频率 f_1 与电机参数一定时,起动转矩与电源电压的平方成正比,即 $T_{st} \propto U_1^2$。

2)当电源电压 U_1 与电机参数一定时,随 f_1 的增大,T_{st} 减小。

3)若电源电压 U_1 和频率 f_1 均不变时,漏电抗 $(x_1 + x_2')$ 越大,T_{st} 越小。

4)当电源电压 U_1、频率 f_1 和漏电抗一定时,增大转子电阻,在一定范围内可增大起动转矩。当 $s_m = 1$ 时,即

$$s_m = \frac{r_2' + r_{st}'}{x_1 + x_2'} = 1 \tag{2-34}$$

或

$$r_2' + r_{st}' = x_1 + x_2' \tag{2-35}$$

此时,起动转矩将达到最大,$T_{st} = T_{max}$。

只有当 $T_{st} > T_2 + T_0$ 时,电动机才能起动。通常起动转矩与额定电磁转矩的比值称为电机的起动转矩倍数,用 k_{st} 表示,$k_{st} = T_{st}/T_N$。它表示起动转矩的大小,它也是异步电动机运行时的一项重要指标,对于一般的笼型电动机,起动转矩倍数 k_{st} 约为 $0.8 \sim 1.8$。

2. 人为机械特性

人为机械特性就是人为地改变电源参数或电机参数而得到的机械特性。

(1)降低定子电压的人为机械特性。由前述可知,当定子电压 U_1 降低时,电磁

转矩与 U_1^2 成正比地降低。同步点不变，s_m 不变，最大转矩 T_{max} 与起动转矩 T_{st} 都随电压平方降低，其特性曲线如图 2-26 所示。

（2）改变定子电源频率的人为机械特性。由前述可知，同步转速与定子电源频率成正比，转矩与定子电源频率成反比，当电源频率改变时，电机的最大转矩、起动转矩及最大转矩对应的转差率都要改变，图 2-27 为改变定子电源频率的机械特性曲线。电机采用加装变频器装置，改变电源频率。

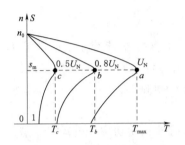 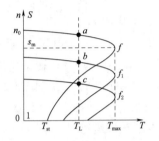

图 2-26　降低电源电压的　　　图 2-27　改变定子电源频率的
　　人为机械特性曲线　　　　　　　人为机械特性曲线

一般变频调速采用恒转矩调速，即希望最大转矩保持为恒值，为此在改变频率的同时，电源电压也要作相应的变化，使 $U/f=C$，这在实质上是使电动机气隙磁通保持不变。

（3）转子串电阻时的人为机械特性。此法适用于绕线转子异步电动机。在转子回路内串入三相对称电阻时，同步点不变，s_m 与转子电阻成正比变化，最大转矩 T_{max} 与转子电阻无关而不变，其机械特性如图 2-28 所示。

四、三相异步电动机工作特性

异步电动机的工作特性是指定子的电压及频率为额定值时，电动机的转速 n、定子电流 I_1、功率因数 $\cos\varphi_1$、电磁转矩 T、效率 η 等与输出功率 P_2 的关系曲线。图 2-29 为三相异步电动机的工作特性曲线，这组曲线反映了异步电动机各运行参数随负载变化的规律。

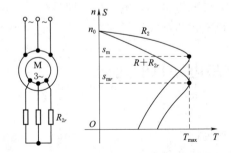 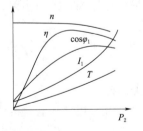

图 2-28　转子串电阻时的人为机械特性曲线　　图 2-29　三相异步电动机的工作特性曲线

上述关系曲线可以通过直接给异步电动机带负载测得，也可以利用等效电路参数计算得出。

下面对各工作曲线呈现的特性进行分析。

1. **转速特性** $n=f(P_2)$

三相异步电动机空载时，转子的转速 n 接近于同步转速 n_1。随着 P_2 的增加，转子转速 n 下降，但转速下降较为缓慢，即转速特性是一条"硬"特性。

2. **转矩特性** $T=f(P_2)$

空载时 $P_2=0$，电磁转矩等于空载制动转矩 T_0。随着 P_2 的增加，n 稍有降低，故 $T=f(P_2)$ 随着 P_2 增加略向上偏离直线。

3. **定子电流特性** $I_1=f(P_2)$

当电动机空载时，转子电流 I_2' 近似为零，定子电流等于励磁电流 I_0。随着负载的增加，转速下降（s 增大），转子电流增大，由磁动势平衡，定子电流也相应增大。当 $P_2>P_N$ 时，由于此时 $\cos\varphi_2$ 降低，I_1 增长更快些。

4. **功率因数特性** $\cos\varphi_1=f(P_2)$

三相异步电动机运行时，从电网中吸取感性无功功率。电动机空载时，定子电流基本上只有励磁电流，功率因数很低，一般不超过 0.2。当负载增加时，定子电流中的有功电流增加，使功率因数提高。接近额定负载时，功率因数也达到最高。超过额定负载时，由于转速降低较多，转差率增大，电动机的功率因数 $\cos\varphi_1$ 也趋于下降。

5. **效率特性** $\eta=f(P_2)$

电机效率为

$$\eta=\frac{P_2}{P_1}\times100\%=\left(1-\frac{\sum p}{P_2+\sum p}\right)\times100\%$$

电动机空载时 $P_2=0$，$\eta=0$，随着输出功率 P_2 的增加，效率 η 也增加。在正常运行范围内，因主磁通变化很小，所以铁损耗变化不大，机械损耗变化也很小，合起来称不变损耗。定、转子铜损耗与电流平方成正比，随负载变化，称可变损耗。当不变损耗等于可变损耗时，电动机的效率达到最大。对于中、小型异步电动机大约 $P_2=(0.75\sim1)P_N$ 时，效率最高。如果负载继续增大，由于铜损耗的增加速度加快，效率反而降低。

由此可见，效率曲线和功率因数曲线都是在额定负载附近达到最高，因此选用电动机容量时，应注意使其与负载相匹配。如果选得过小，电动机长期过载运行影响寿命；如果选得过大，则功率因数和效率都很低，浪费能源。

任务5　三相异步电动机的起动

三相异步电动机的起动

任务目标

（1）了解三相异步电动机的起动过程及特性。

（2）掌握三相鼠笼式异步电动机的起动方法及相关计算。

（3）掌握三相绕线式异步电动机的起动方法。

（4）能够完成三相异步电动机起动相关数据计算。

（5）能够完成三相异步电动机起动程序编制及操作。

任务描述

进行三相异步电动机起动知识探究，运用基本知识完成鼠笼机和绕线机的起动操作，并计算相关数据。

任务实施

一、课堂教学

阅读和学习三相异步电动机起动的基本知识，完成基本知识信息表 2-22 的填写。

表 2-22 　　　　　　　　　基本知识信息

内容	自检	答案	扣分
鼠笼式电机（10分）	直接起动（4分）：适用条件起动线路（4分）		
	降压起动（6分）：Y-△降压适用条件起动线路参数关系（3分）		
	自耦变压器降压适用条件起动线路参数关系（3分）		
绕线式电机（7分）	转子串电阻适用条件起动线路（4分）		
	转子串电抗器适用条件起动线路（3分）		
变频起动适用条件起动线路（3分）			
合计得分			

二、能力提升

应用三相异步电动机起动知识，完成电机起动相关参数计算和分析，记于表 2-23 中。

表 2-23 　　　　　　　　　能力提升训练

应用	训练内容	答案	扣分
电动机起动知识（20分）	有一台 Y250M-4 异步电动机，$P_N=55\text{kW}$，$I_N=103\text{A}$，$k_i=I_{st}/I_N=7$，$\dfrac{T_{st}}{T_N}=2$。若带有 0.6 倍额定负载转矩起动，宜采用 Y-△起动还是自耦变压器（抽头为 65% 和 80%）起动？（10分）		
	某三相笼型异步电动机，$P_N=300\text{kW}$，定子绕组为 Y 形，$u_N=380\text{V}$，$I_N=527\text{A}$，$n_N=1475\text{r/min}$，$k_i=6.7$，$k_{st}=1.5$，$\lambda=2.5$。车间变电所允许最大冲击电流为 1800A，负载起动转矩为 1000N·m，试选择适当的起动方法。（10分）		
合计得分			

三、技能训练

1. 训练一：鼠笼式异步电动机起动

应用三相异步电动机起动知识，完成电机起动操作训练，并将相关信息记于表2－24中。

表 2－24　　　　　　　　　技 能 训 练 一

项　目	训练内容	答　　案				扣分
Y－△降压 （10分）	电源电压 （2分）					
	操作程序 （5分）	1.＿＿＿＿＿ 2.＿＿＿＿＿ 3.＿＿＿＿＿ 4.＿＿＿＿＿ 5.＿＿＿＿＿ 6.＿＿＿＿＿				
	数据记录 （3分）	监测数据				
		Y接起动		△接起动		
		起动电压	起动电流	起动电压	起动电流	
自耦变压器 降压（10分）	确定一次 二次电压 （2分）					
	操作程序 （5分）	1.＿＿＿＿＿ 2.＿＿＿＿＿ 3.＿＿＿＿＿ 4.＿＿＿＿＿ 5.＿＿＿＿＿ 6.＿＿＿＿＿				
	数据记录 （3分）	监测数据				
		降压起动直接起动		直接起动		
		起动电压	起动电流	起动电压	起动电流	
合计得分						

2. 训练二：绕线式异步电动机转子串电阻起动

应用三相绕线式异步电动机起动知识，完成电机起动操作训练，并将相关信息记于表2－25中。

表 2-25　　　　　　　　　技 能 训 练 二

项　目	训练内容	答　案				扣分
转子串电阻 起动（10分）	电源电压 （2分）					
	操作程序 （5分）	1.____ 2.____ 3.____ 4.____ 5.____ 6.____				
	数据记录 （3分）	监测数据				
		串入电阻	15	5	2	0
		起动电流				
		稳定运行速度				
转子串电抗器 起动（10分）	电源电压 （2分）					
	操作程序 （5分）	1.____ 2.____ 3.____ 4.____ 5.____ 6.____				
	数据记录 （3分）	监测数据				
		起动方法	起动电流		稳定运行速度	
		串入电抗器				
		直接起动				
合计得分						

知识探究

异步电动机从接通电源到进入稳定运行的过渡过程，称为起动。衡量异步电动机起动性能的好坏主要从起动电流、起动转矩、起动过程的平滑性、起动时间及经济性等方面来考虑，其中最重要的是：①起动转矩足够大，以加速起动过程，缩短起动时间。②起动电流越小越好。

异步电动机起动瞬间，$n=0$，$s=1$，由图 2-22 分析得

$$I_{st} \approx I'_2 = \frac{U_1}{\sqrt{(r_1+r'_2)^2+(X_1+X'_2)^2}}, \quad \cos\varphi_2 = \frac{r'_1}{\sqrt{r'^2_2+X'^2_2}}$$

所以起动时，起动电流大，一般电动机的起动电流可达额定电流的 4～7 倍。起动时间短。起动电流随着转速的上升很快下降，起动时间短（约 2～15s）。起动时功率因数低，所以起动转矩不高。

为使异步电动机能带负载很快达到稳定运行，同时又不影响接在同一电网上的其他设备，由上面的分析可以看出，要限制起动电流，可以采取降压或增大电机参数的方法。为增大起动转矩，可适当加大转子的电阻。所以大容量的异步电动机一般采用加装起动装置起动。

一、鼠笼式异步电动机起动

（一）直接起动

给电动机定子绕组加上额定电压使之起动的方法称为直接起动，或称全压起动。

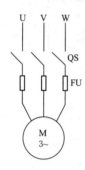

图 2-30　直接起动接线

直接起动的优点是所需设备少，起动方式简单，成本低，是小型三相鼠笼式异步电动机主要采用的起动方法。如图 2-30 所示。

在起动时，可以用刀开关、接触器等装置将电动机定子绕组直接接到电源上。一般情况下熔体的额定电流可以取三相鼠笼式异步电动机额定电流 I_N 的 2.5～3.5 倍。

从电动机容量的角度讲，通常认为满足下列条件之一的即可直接起动，否则应采用降压起动的方法。

（1）容量在 10kW 以下。

（2）符合下列经验公式：

$$k_i = \frac{I_{st}}{I_N} \leq \frac{1}{4}\left(3 + \frac{\text{电源总容量}}{\text{电动机额定功率}}\right) \qquad (2-36)$$

（二）降压起动

降压起动是指电动机在起动时降低加在定子绕组上的电压，起动结束时加额定电压运行的起动方式。

降压起动虽然能降低电动机起动电流，但由于电动机的转矩与电压的平方成正比，因此降压起动时电动机的转矩也减小很多，故此法一般适用于电动机空载或轻载起动。常用的方法如下

1．星形-三角形（Y-△）降压起动

起动时定子绕组接成星形，起动结束进入正常运行时定子绕组则接成三角形，其接线图如图 2-31（a）所示。对于运行时定子绕组为星形的鼠笼式异步电动机则不能用星形-三角形起动方法。

起动参数分析：设三相电源的线电压为 U_L，起动时每相定子绕组的阻抗模为 $|Z|$，Y 形接法的相电流和线电流用 I_{PY} 和 I_{LY} 表示，△形接法的相电流与线电流用 $I_{P\triangle}$ 与 $I_{L\triangle}$ 表示。电机的起动电流用线电流表示。

若电动机采用△接直接起动，如图 2-31（b）所示，各相定子绕组承受电源的线电压 U_L，起动参数为

$$I_{P\triangle} = \frac{U_L}{|Z|}, I_{st} = I_{L\triangle} = \sqrt{3}\frac{U_L}{|Z|}, T_{st} = T_{st\triangle} \propto U_L^2$$

电机采用 Y 接降压起动时，如图 2-30（c）所示，各相定子绕组承受电源的相电压，起动参数为

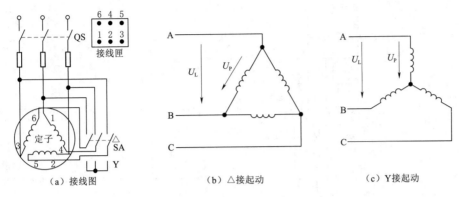

图 2-31 星形-三角形（Y-△）降压起动

$$I_{PY}=\frac{U_L}{\sqrt{3}\,|Z|}, I'_{st}=I_{LY}=I_{PY}, T'_{st}=T_{stY}\propto(U_L/\sqrt{3})^2$$

则
$$\frac{I'_{st}}{I_{st}}=\frac{1}{3}, \frac{T'_{st}}{T_{st}}=\frac{1}{3}$$

即
$$I'_{st}=\frac{1}{3}I_{st} \tag{2-37}$$

$$T'_{st}=\frac{1}{3}T_{st} \tag{2-38}$$

由式（2-37）可见，Y-△起动时，对供电变压器造成冲击的起动电流是直接起时的 1/3；由式（2-38）可见，Y-△起动时起动转矩也是直接起动的 1/3。

Y-△起动方法简单，价格便宜，因此在轻载起动条件下，可用于拖动 $T_L\leqslant 0.3T_{st}$ 的轻负载起动。我国采用 Y-△起动方法的电动机额定电压都是 380V，绕组是△接法。

2．自耦变压器（起动补偿器）起动

起动方法：起动时电源电压加在自耦变压器高压侧，电动机接在自耦变压器的低压侧，因此经自耦变压器降压后，使加在电动机定子绕组上的电压降低，从而减小起动电流。起动结束后电源直接加到电动机上，并切除自耦变压器，使电动机全压运行，起动线路如图 2-32 所示。

起动参数分析：设电机每相定子绕组的阻抗为 $|Z|$，三相电源的相电压为 U_{1P}，自耦变压器变比为 k，二次侧的相电压为 U_{2P}，直接起动时起动电流为 I_{st}，起动转矩为 T_{st}；自耦变压器降压起动时一次侧电流为 I'_{st}，二次侧电流为 I''_{st}，起动转矩为 T'_{st}。

直接起动：各相绕组承受电源的相电压，则起动参数为

$$I_{st}=\frac{U_{1P}}{|Z|}, T_{st}\propto U_{1P}^2$$

自耦变压器降压起动：各相绕组承受变压器二次电压，则起动参数为

$$I''_{st}=\frac{U_{2P}}{|Z|}, T'_{st}\propto U_{2P}^2$$

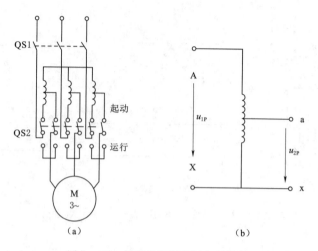

图 2-32 自耦变压器降压起动线路

根据自耦变压器变压、变流特性有

$$\frac{U_{1P}}{U_{2P}} = \frac{I''_{st}}{I'_{st}} = k$$

则

$$I'_{st} = \frac{I''_{st}}{k} = \frac{U_{2P}}{k|Z|} = \frac{U_{1P}}{k^2|Z|}, \frac{T'_{st}}{T_{st}} = \left(\frac{U_{2P}}{U_{1P}}\right)^2$$

降压起动与直接起动参数关系为

$$\frac{I'_{st}}{I_{st}} = \frac{1}{k^2} \tag{2-39}$$

$$\frac{T'_{st}}{T_{st}} = \frac{1}{k^2} \tag{2-40}$$

由此可见，自耦变压器降压起动时，起动电流和起动转矩都降低为直接起动时的 $1/k^2$ 倍。在实际应用中，自耦变压器一般有 2～3 组抽头，其电压可以分别为一次电压 U_L 的 80%、65% 或 80%、60%、40%。

该种起动方法对定子绕组采用 Y 形或 △ 形接法的电动机都适用，缺点是设备体积大，投资较贵。

【例 2-3】 Y280M-6 笼型异步电动机参数见表 2-26，电机绕组采用 △ 连接，若供电电源容量为 1000kVA，电动机带额定负载起动，试问应采用什么方法起动？并计算起动电流和起动转矩。

表 2-26   笼型异步电动机参数

型　号	额定功率 /kW	额定电流 /A	堵转转矩 额定转矩	堵转电流 额定电流	最大转矩 额定转矩
Y280M-6	55	104	1.8	6.5	2

解：（1）试用直接起动。电源允许的起动电流倍数为

$$k_i \leqslant \frac{1}{4} \times \left[3 + \frac{1000}{55}\right] = 5.3$$

而 $k_i = 6.5 > 5.3$，故不能直接起动。

（2）试用 Y-△ 起动。

$$I'_{st} = \frac{1}{3}I_{st} = \frac{1}{3} \times 6.5 I_N = 2.17 I_N$$

$$k_i = \frac{I'_{st}}{I_N} = 2.17 < 5.3, 起动电流满足要求$$

$$T'_{st} = \frac{1}{3}T_{st} = \frac{1}{3} \times K_{st}T_N = \frac{1}{3} \times 1.8 T_N = 0.6 T_N < T_N, 起动转矩不满足要求$$

故不能使用 Y-△ 降压起动方法起动。

（3）试用自耦变压器起动。设变压器变比为 k，则用自耦变压器起动时的起动电流和起动转矩分别为

$$I'_{st} = \frac{1}{k^2}I_{st} = \frac{6.5}{k^2}I_N; T'_{st} = \frac{1}{k^2}T_{st} = \frac{1.8}{k^2}T_N$$

起动电流倍数
$$k_i = \frac{I'_{st}}{I_N} = \frac{6.5}{k^2}$$

若电机能起动则应满足：
$$\begin{cases} k_i < 5.3 \\ T'_{st} > T_N \end{cases}$$

即
$$\begin{cases} \dfrac{6.5}{k^2} < 5.3 \\ \dfrac{1.8}{k^2}T_N > T_N \end{cases}$$

解得
$$1.11 < k < 1.34$$

$$0.75 < \frac{1}{k} < 0.9$$

所以自耦变压器的抽头在一次电压的 $75\% \sim 90\%$ 之间。

二、绕线式异步电动机起动

（一）转子回路串接电阻器起动

起动时，在转子电路串接起动电阻器，借以提高起动转矩，同时因转子电阻增大限制了起动电流；起动结束，切除转子所串电阻。为了在整个起动过程中得到比较大的起动转矩，需分几级切除起动电阻（图 2-33）。

起动过程分析：

（1）接触器 KM1、KM2、KM3 的主触点全断开，KM 主触点闭合，电动机定子绕组接额定电压，转子每相串入全部电阻。如正确选取电阻的阻值，使转子回路的总电阻值 $r'_2 = X_{20}$，则此时 $s_m = 1$，即最大转矩产生在电动机起动瞬间，如图 2-33（b）中曲线 0 中 a 点为起动转矩 $T'_{st} = T_{max}$。

（2）由于 $T'_{st} > T_L$，电机加速到 b 点时，$T = T_{s2}$，为了加速起动过程，接触器 KM1 闭合切除起动电阻 R'''_{st}，特性变为曲线 1，因机械惯性，转速瞬时不变，工作点水平过渡到 c 点，使该点 $T = T_{s1}$。

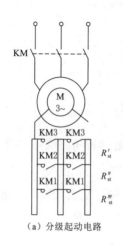

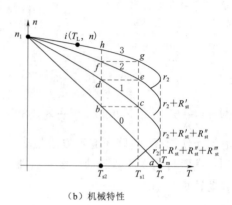

（a）分级起动电路　　　　　　　　　（b）机械特性

图 2-33　三相绕线式异步电动机转子串电阻分级起动

（3）因 $T_{s1} > T_L$，转速沿曲线 1 继续上升，到 d 点时 KM_2 闭合，R''_{st} 被切除，电机运行点从 d 转变到特性曲线 2 上的 e 点，依次类推，直到切除全部电阻；电动机便沿着固有特性曲线 3 加速，经 h 点，最后运行于 i 点（$T = T_L$）。

上述起动过程中，电阻分三级切除，故称为三级起动，切除电阻时的转矩 T_{s2} 称切换转矩。在整个起动过程中产生的转矩都是比较大的，适合于重载起动，广泛用于桥式起重机、卷扬机、龙门吊车等重载设备。其缺点是所需起动设备较多，起动时有一部分能量消耗在起动电阻上，起动级数也较少。

在起动过程中，一般取 $T_{s1} = (0.7 \sim 0.85)T_m$，$T_{s2} = (1.1 \sim 1.2)T_N$。

（二）转子回路串接频敏变阻器起动

频敏变阻器是一个三相铁心线圈，其铁心不用硅钢片而用厚钢板叠成，电机起动时铁心中产生涡流损耗和一部分磁滞损耗，且随频率的变化而变化，铁心损耗对应的等效电阻，为随频率变化的电阻；频敏变阻器的线圈又是一个电抗，故电阻和电抗都随频率变化而变化，故称频敏变阻器。

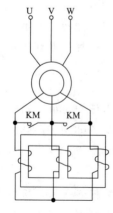

图 2-34　绕线式异步电动机串频敏变阻器起动

起动方法：频敏变阻器直接串入异步电动机的转子回路，不需切除（图 2-34）。

工作原理：

起动时，$s = 1$，$f_2 = f_1 = 50\text{Hz}$，此时频敏变阻器的铁心损耗大，等效电阻大，既限制了起动电流，增大起动转矩，又提高了转子回路的功率因数。

随着转速 n 升高，s 下降，f_2 减小，铁心损耗和等效电阻也随之减小，相当于逐渐切除转子电路所串的电阻。

起动结束时，$n = n_N$，$f_2 = s_N f_1 \approx (1 \sim 3)\text{Hz}$，此时频敏变阻器基本不起作用，可以闭合接触器 KM 主触点，予以切除。

频敏变阻器起动结构简单，运行可靠，但与转子串电阻起动相比，在同样起动电流下，起动转矩要小些。

任务6 三相异步电动机的调速

任务目标

（1）了解电动机变极、变频、变转差率等调速方法。

（2）了解异步电动机改变磁极对数调速接线方案。

（3）能够完成三相异步电动机变极调速基本操作。

（4）能够完成三相异步电动机变频调速基本操作。

任务描述

进行三相异步电动机调速知识探究，运用基本知识完成鼠笼机和绕线机的调速操作，并计算相关数据。

任务实施

一、课堂教学

阅读和学习三相异步电动机调速的基本知识，完成基本知识信息表2-27的填写。

表 2-27　　　　　　　　　　基 本 知 识 信 息

内容	自检	答　案	扣分
调速类型			
变极调速（10分）	原理（4分）		
	接线方案（6分）		
变频调速（10分）	基频以下变频调速（5分）	（1）保持 E_1/f_1＝常数机械特性曲线 （2）保持 U_1/f_1＝常数机械特性曲线 特性：保持 U_1/f_1＝常数，属于恒＿＿＿＿＿调速，其输出＿＿＿＿＿＿正比于定子频率。	
	基频以上变频调速（5分）	1. 特性： 2. 频率从基频以上升高的机械特性 （1）保持＿＿＿＿＿； （2）属于＿＿＿＿＿调速； （3）输出＿＿＿＿＿反比于定子绕组的供电频率。	
改变转差率调速（5分）	常见方法（5分）		
合计得分			

二、能力提升

应用三相异步电动机调速知识，完成电机起动相关参数计算和分析。记于表2-28中。

表 2 - 28   能 力 提 升 训 练

应用	训 练 内 容	答 案	扣分
电动机调速知识	一台三相四极绕线转子异步电动机，$f=50Hz$，$n_N=1485r/min$，$r_2=0.02\Omega$，定子电压、频率和负载转矩保持不变，要求把转速降到1050r/min，问要在转子回路中串接多大电阻？(10分)		
合计得分			

三、技能训练

1. 训练一：双速电机使用

应用三相异步电动机变极调速知识，完成电机调速操作训练，并将相关信息记于表2-29中。

三相双速电机

表 2 - 29   技 能 训 练 一

项 目	训练内容	答 案	扣分
双速电机应用(15分)	电源电压(2分)		
	试验线路(5分)		
	操作程序(5分)	1. 2. 3. 4. 5. 6.	
	数据记录(3分)	监测数据 低速运行 / 高速运行：电压 电流 速度 电压 电流 速度	
合计得分			

数据记录部分监测数据表：

监测数据					
低速运行			高速运行		
电压	电流	速度	电压	电流	速度

2. 训练二：异步电动机变频调速

应用三相异步电动机变频调速知识，完成电机变频调速操作训练，并将相关信息记于表 2 - 30 中。

表 2 - 30　　　　　　　　　　　　技 能 训 练 二

项　目	训练内容	答　案				扣分
电机变频调速 (20分)	电机型号 (2分)					
	变频控制方法 (2分)					
	试验线路及 变频器调试 (5分)					
	操作程序 (6分)	1. 2. 3. 4. 5. 6.				
	数据记录 (5分)	监测数据 频率 速度				
合计得分						

知识探究

人为地在同一负载下使电动机转速从某一数值改变为另一数值，以满足生产过程的需要，这一过程称为调速。从异步电动机的转速关系式 $n=n_0(1-s)=60f_1(1-s)/p$ 可以看出，异步电动机的调速可分以下三大类：

(1) 改变定子绕组的磁极对数 p——变极调速。

(2) 改变供电电源的频率 f_1——变频调速。

(3) 变电动机的转差率 s——改变电压调速，转子串电阻调速和串级调速。

一、三相异步电动机的变极调速

在电源频率不变条件下，改变电动机的极对数，电动机的同步转速发生变化，从而改变电动机的转速。如极对数减少一半，同步转速也几乎升高一倍。

通常用改变定子绕组的接法来改变磁极对数，这种电机称多速电动机。其转子均采用笼型转子，因其感应的极对数能自动与定子相适应。

1. 变极调速原理

设定子绕组由两个结构完全相同的线圈组构成，每一个线圈组称半相绕组。图 2 - 35 (a)、(b)、(c) 为电机定子绕组的接线形式，从图中可以看出，只要将定子绕组的两个半相绕组中的任何一个半相绕组的电流反向，就可将磁极对数增加一倍或减少一半,这就是单绕组倍极比的变极原理,如2/4,4/8极等。图2-35 (d)、(e) 为2/4极电机的磁路结构示意图。

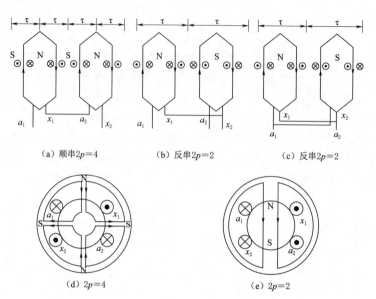

(a) 顺串2p=4   (b) 反串2p=2   (c) 反串2p=2

(d) 2p=4   (e) 2p=2

图2-35 三相笼型电动机变极时定子绕组接线及磁路结构

2. 三种常用的变极方案

图2-36是三相笼型电动机变极时定子绕组接线及磁路结构。必须注意的是,绕组改接后,应将B、C两相的出引端对调,以保持电机高速运行与低速运行时的转向相同。

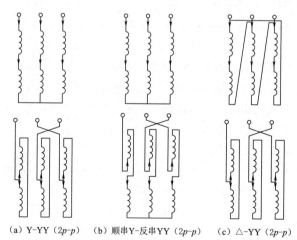

(a) Y-YY (2p-p)   (b) 顺串Y-反串YY (2p-p)   (c) △-YY (2p-p)

图2-36 三相笼型电动机变极时定子绕组接线及磁路结构

二、三相异步电动机的变频调速

1. 变频调速的条件

我们知道,三相异步电动机的每相电压

$$U_1 \approx E_1 = 4.44 f_1 N_1 K_W \Phi$$

若电源电压 U_1 不变,当降低电源频率 f_1 调速时,则磁通 Φ 将增加,使铁心饱和,从而导致励磁电流和铁损耗的大量增加,电动机温升过高等,这是不允许的。因此在变频调速的同时,为保持磁通 Φ 不变,就必须降低电源电压,使 U_1/f_1 或 E_1/f_1 为常数。

电动机的正常工作频率称为基频。变频调速时,根据需要,可降低频率和升高频率。

2. 从基频向下变频调速

由前述知,降低电源频率时,必须同时降低电源电压。变频调速常用两种控制方法。

(1)保持 E_1/f_1 为常数。保持 E_1/f_1 为常数,则 Φ 为常数,即恒磁通控制方式,也称恒转矩调速方式。降低电源频率 f_1 调速的人为机械特性,如图 2-37 所示。

由于频率可以连续调节,因此变频调速为无级调速,平滑性好,另外,转差功率 sP_M 较小,功率较高。

(2)保持 U_1/f_1 为常数。降低电源频率 f_1,保持 U_1/f_1 为常数,则 Φ 近似为常数,如图 2-38 所示,当降低频率 f_1 时,最大转矩 T_m 会变小。保持 U_1/f_1 为常数,低频率调速近似为恒转矩调速方式。

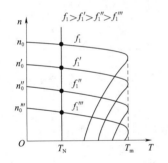

图 2-37　保持 E_1/f_1 为常数时
变频调速的机械特性

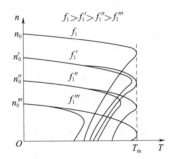

图 2-38　保持 U_1/f_1 为常数时
变频调速的机械特性

实际应用中,因保持 E_1/f_1 为常数难于控制,大多采用保持 U_1/f_1 为常数的控制方法。

3. 从基频向上变频调速

升高电源电压($U>U_N$)是不允许的。因此,升高频率向上调速时,只能保持电压为 U_N 不变,频率越高,磁通 Φ 越低,这种方法是一种磁通升速的方法。保持 U_N 不变升速,随着 f_1 上调,T_2 减小,n 升高,而 P_2 近似为常数,此调速方法为恒功率调速,图 2-39 为保持 U_N 不变,升频调速的机械特性。

三、改变转差率调速

改变定子电压调速、转子电路串电阻调速和串级调速都属于改变转差率调速。

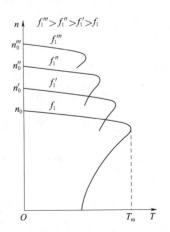

图 2-39　保持 U_N 不变,
升频调速的机械特性

1. 改变电源电压调速

如图 2-40 所示，对于转子电阻大、机械特性曲线较软的鼠笼式异步电动机而言，如加在定子电阻上的电压发生改变，则负载 T_L 对应于不同的电源电压 U_1、U_2、U_3，可获得不同的工作点 a_1、a_2、a_3，显示电动机的调速范围很宽。

改变电源电压调速这种方法主要应用于鼠笼式异步电动机，目前广泛采用晶闸管交流调压器来实现调压。

2. 转子串电阻调速

转子串电阻调速的机械特性如图 2-41 所示。转子串电阻时最大转矩不变，临界转差率加大。所串电阻越大，运行段特性斜率越大。若带恒转矩负载，原来运行在固有特性上的 a 点在转子串电阻 R_t 后，就运行于 b 点，转速由 n_a 变为 n_b，依次类推。

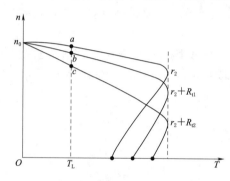

图 2-40 高转子电阻笼形电动机调压调速的机械特性

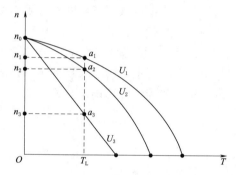

图 2-41 转子串电阻调速的机械特性

根据电磁转矩参数表达式，当 T 为常数且电压不变时，则有

$$\frac{r_2}{s_a}=\frac{r_2+R_1}{s_b}=常数 \tag{2-41}$$

因而绕线转子异步电动机转子串电阻调速时调速电阻的计算公式为

$$R_1=\left(\frac{s_b}{s_a}-1\right)r_2 \tag{2-42}$$

式中　s_a——转子串电阻前电机运行的转差率；

　　　s_b——转子串电阻 R_1 后新稳态时电机的转差率；

　　　r_2——转子每相绕组电阻，$r_2=\dfrac{s_N E_{2N}}{\sqrt{3}\,I_{2N}}$。

由于在异步电动机中，电磁功率 P_M，机械功率 P_Ω 与转子铜损 p_{Cu2} 三者之间的关系为

$$P_M : p_{Cu2} : P_\Omega = 1 : s : (1-s)$$

若转速越低，转差率 s 越大，转子损耗越大，低速时效率不高。

转子串电阻调速的优点是方法简单，主要用于中、小容量的绕线转子异步电动机，如桥式起动机等。

【例 2 - 4】　一台绕线转子异步电动机；$P_N = 75\text{kW}$，$n_N = 1460\text{r/min}$，$U_{1N} = 380\text{V}$，$I_N = 144\text{A}$，$E_{2N} = 399\text{V}$，$I_{2N} = 116\text{A}$，$\lambda = 2.8$，试求：

（1）转子回路串入 0.5Ω 电阻，电机运行的转速为多少？

（2）额定负载转矩不变，要求把转速降至 500r/min，转子每相应串多大电阻？

解：（1）额定转差率 $s_N = \dfrac{n_1 - n}{n_1} = \dfrac{1500 - 1460}{1500} = 0.027$

转子每相电阻　　　$r_2 = \dfrac{s_N E_{2N}}{\sqrt{3} I_{2N}} = \left[\dfrac{0.027 \times 399}{\sqrt{3} \times 116} = 0.0536\Omega \right]$

当串入电阻 $R_1 = 0.5\Omega$ 时，电机此时转差率 s_b 为

$$s_b = \dfrac{r_2 + R_1}{R_1} s_N = \dfrac{0.0536 + 0.5}{0.5} \times 0.027 = 0.0299$$

转速　　　$n_b = (1 - s_b) n_1 = [(1 - 0.0299) \times 1500]\text{r/min} = 1455\text{r/min}$

（2）转子串电阻后转差率为

$$s_b' = \dfrac{n_1 - n}{n_1} = \dfrac{1500 - 500}{1500} = 0.667$$

转子每相所串电阻

$$R_1 = \left(\dfrac{s_b'}{s_N} - 1 \right) r_2 = \left(\dfrac{0.667}{0.027} - 1 \right) \times 0.0536 = 1.27(\Omega)$$

3. 串级调速

所谓串级调速，就是在异步电动机的转子回路串入一个三相对称的附加电动势 $\dot{E}_f$，其频率与转子电动势 $\dot{E}_{2s}$ 相同，改变 $\dot{E}_f$ 的大小和相位，就可以调节电动机的转速。它适用于绕线转子异步电动机，靠改变转差率 s 调速。

任务 7　三相异步电动机的制动

任务目标

（1）了解电动机变极、变频、变转差率等调速方法。

（2）了解异步电动机改变磁极对数调速接线方案。

（3）能够完成三相异步电动机变极调速基本操作。

（4）能够完成三相异步电动机变频调速基本操作。

任务描述

三相异步电动机制动知识探究，运用基本知识完成鼠笼机和绕线机的制动操作，并计算相关数据。

任务实施

一、课堂教学

阅读和学习三相异步电动机制动的基本知识，完成信息表 2 - 31 的填写。

表 2 - 31 　　　　　　　　　　　　基 本 知 识 信 息

内容 ＼ 自检		答　　案	扣分
电磁制动方法 (20分)			
能耗制动 (10分)	接线方案 (4分)		
	原理 (6分)		
反接制动 (10分)	接线方案 (4分)		
	原理 (6分)		
合计得分			

二、能力提升

应用三相异步电动机制动知识，完成电机起动相关参数计算和分析。记于表 2 - 32 中。

表 2 - 32 　　　　　　　　　　　　能 力 提 升 训 练

应用	训 练 内 容	答　　案	扣分
电动机调速知识	一台三相四极绕线转子异步电动机，$f = 50\text{Hz}$，$n_N = 1485\text{r/min}$，$r_2 = 0.02\Omega$，定子电压、频率和负载转矩保持不变，要求把转速降到 1050r/min，问要在转子回路中串接多大电阻？（10分）		
合计得分			

三、技能训练

1. 训练一：鼠笼电机的能耗制动

应用三相异步电动机能耗制动知识，完成电机调速操作训练，并将相关信息记于表 2 - 33 中。

2. 训练二：异步电动机反接制动

应用三相异步电动机反接制动知识，完成电机制动操作训练，并将相关信息记于表 2 - 34 中。

表 2-33　　　　　　　　　　技 能 训 练 一

项　目	训练内容	答　案					扣分
能耗制动 （20分）	电源电压 （2分）						
	试验线路 （6分）						
	操作程序 （6分）	1. 2. 3. 4. 5. 6.					
	数据记录 （6分）	监测数据					
			自然停止			能耗制动	
		电压	电流	停止时间	电压	电流	停止时间
合计得分							

表 2-34　　　　　　　　　　技 能 训 练 二

项　目	训练内容	答　案	扣分
反接制动 （15分）	电机型号 （2分）		
	变频控制方法 （2分）		
	试验线路及 变频器调试 （5分）		
	操作程序 （6分）	1. 2. 3. 4. 5. 6.	
合计得分			

知识探究

电动机受到与转子转向相反的转矩作用时的工作状态，称为制动状态，这一转矩称为制动转矩。三相异步电动机工作在制动状态的目的是使电力拖动系统快速停车或尽快减速，对于位能性负载，制动运行可获得稳定的下降速度。

三相异步电动机的制动方法有机械制动和电气制动两类。机械制动的原理是利用机械装置产生摩擦力，形成制动转矩，使电动机从电源切断后能迅速停转。它的结构有好多种。应用较普遍的是电磁抱闸，它主要用于起重机上吊重物时，使重物迅速而又准确地停留在某一位置上。

电气制动是使异步电动机所产生的电磁转矩和电动机的旋转方向相反。电气制动通常可分为能耗制动、反接制动和回馈制动三种。

一、能耗制动

能耗制动是利用电动机断电后，转子的机械能产生制动转矩，实施制动的方法。

具体方法是：将运行着的异步电动机的定子绕组从三相交流电源上断开后，立即接到直流电源上，如图 2-42 所示，用断开 QS、闭合 SA 来实现。

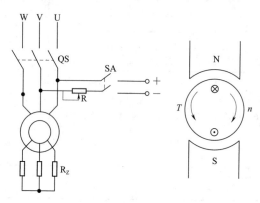

图 2-42　能耗制动原理

基本原理是：当定子绕组通入直流电源时，在电动机中将产生一个恒定磁场。转子因机械惯性继续旋转时，转子导体切割恒定磁场，在转子绕组中产生感应电动势和电流，转子电流和恒定磁场作用产生电磁转矩，根据左手定则可以判电磁转矩的方向相反，为制动转矩。在制动转矩作用下，转子转速迅速下降，当 $n=0$ 时，$T=0$，制动过程结束。这种方法是将转子的动能转变为电能，消耗在转子回路的电阻上，所以称能耗制动。

对于采用能耗制动的异步电动机，既要求有较大的制动转矩，又要求定、转子回路中电流不能太大而使绕组过热。根据经验，能耗制动时对于鼠笼式异步电动机取直流励磁电流为 $(4\sim5)I_0$，对于绕线转子异步电动机取 $(2\sim3)I_0$，制动所串电阻 $r=(0.2\sim0.4)E_{2N}/\sqrt{3}\,I_{2N}$。能耗制动的优点是制动力强，制动较平稳，缺点是需要一套专门的直流电源供制动用。

二、反接制动

反接制动分为电源反接制动和倒拉反接制动两种。

1. 电源反接制动

电源反接制动是通过改变电源的相序，电磁转矩与转子运行方向相反，使电机制动。

具体方法是：如图 2-43 所示，断开 QS_1，接通 QS_2 即可。

基本原理：接通 QS_2 后，改变电动机定子绕组与电源的连接相序，旋转磁场被立即反转，而使转子绕组中感应电动势，电流和电磁转矩都改变方向，因机械惯性，转子转向未变，电磁转矩与转子的转向相反，电机进行制动，因此称为电源反接制动。

制动电阻 R_Z 的计算公式为

$$R_Z=(s'_m/s_m-1)r_2 \tag{2-43}$$

式中 s_m——对应固有机械特性曲线的临界转差率，$s_m = s_N(\lambda + \sqrt{\lambda^2 - 1})$；

    s'_m——转子串电阻后机械特性的临界转率，$s'_m = s(\lambda T_N / T' + \sqrt{(\lambda T_N / T')^2 - 1})$；$s$ 为制动瞬间电动机转差率，λ 为过载倍数（$\lambda = T_m / T_N$），T' 为制动开始瞬时电动机的制动转矩。

2. 倒拉反接制动

倒拉反接制动适用于绕线式电动机的一种制动方法。

具体方法是：当绕线转子异步电动机拖动位能性负载时，在其转子回路串入足够大的电阻。

基本原理：当异步电动机提升重物时，其工作点为曲线 1 上的 a 点。如果在转子回路串入足够大的电阻，机械特性变为斜率很大的曲线 2，因机械惯性，工作点由 a 点移到 b 点，此时电磁转矩小于负载转矩，转速下降（图 2-43 和图 2-44）。

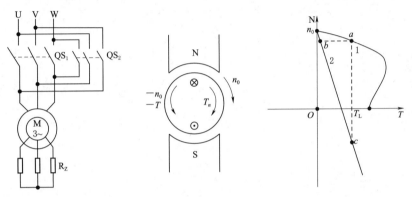

图 2-43　绕线式异步电动机电源反接制动　　图 2-44　绕线式异步
电动机机械特性

当电动机减速至 $n = 0$ 时，电磁转矩仍小于负载转矩，在位能负载的作用下，电动机被负载倒拉着反转，直至电磁转矩等于负载转矩，电动机才稳定运行于 c 点。转矩与电机运行速度相反，为制动转矩。因这是由于重物倒拉引起的，所以称为倒拉反接制动，这种制动常用于起重机低速下放重物。

课程思政——费拉里斯的故事

异步电机在 1885 年由意大利物理学家和电气工程师费拉里斯发明。1888 年，提出实验报告，对旋转磁场作了严格的科学描述，为以后开发异步电动机、自起动电动机奠定了基础。费拉里斯相信他所提出的旋转磁场理论以及他所开发的新产品在科学上的价值远远超过物质上的价值，因此他有意不为自己的发明申请专利，而是在实验室向公众演示这些最新成果。他还倡导使用交流电系统。同年，尼古拉·特斯拉在美国取得了感应电机的专利。

费拉里斯的故事给我们带来这样的启示：在一个行业中立足的真正标志，是把公众利益放在首位。个体在专业领域中，通过努力奋斗，打开一片天地，获得物质和精神"褒奖"，这确实不容易，但这不应是最高追求。"段位"高低，往往在于有没有一颗心怀苍生的心。这样的启示，袁隆平先生也给过我们。真正的"侠之大者"，在利益诱惑面前不动声色，在大道面前勇毅如一。而我们显然不能把"侠之大者"的道义选择视为高处不胜寒、常人不能也不必为的行为。作为平凡的行业从业者，我们应该从费拉里斯、袁隆平先生们的诸多"寻常一事"中看到"我也能为"的机缘和价值。当每一个行业都充盈着心怀民生冷暖、我为人人的精神氛围，一个社会就能呈现出更高的幸福指数。

项目三　直流电机及应用

项目概述

　　直流电机是实现直流电能和机械能相互转换的电气设备。其中将直流电能转换为机械能的叫直流电动机，将机械能转换为直流电能的叫直流发电机。直流电动机起动和调速性能好，过载能力大，因此应用于对起动和调速性能要求较高的生产机械。具备直流电机的应用能力，是从事电气运行与维护、设备安装与试验等相关岗位的能力要求之一。通过本项目的实施，使学生掌握直流电机的基本知识，具备直流电机的应用能力。本项目按三个任务实施。

教学目标

（1）了解直流电机的结构、原理及作用。

（2）掌握直流电机的技术数据及测定方法。

（3）初步具备直流电动机的应用和运行能力。

技能要求

（1）能掌握直流电机的各种励磁方式接线。

（2）熟练掌握直流电动机的起动和反转。

（3）熟练掌握直流电动机的调速和制动方法。

任务1　认识直流电机

任务目标

（1）了解直流电机的结构与类型。

（2）理解直流电机的工作原理。

（3）了解直流电机的特点及用途。

（4）掌握直流电机的主要参数。

（5）了解直流电机的励磁方式及工作原理。

任务描述

　　进行现场教学和相关知识阅读，抄录和分析铭牌数据，讨论其应用；掌握直流电机常用的测量仪表的使用方法。

任务实施

　　通过知识探究和设备认识，了解直流电机的结构及作用，类型及应用；抄录铭牌数据，讨论其意义，完成现场教学信息表3-1填写。

表 3-1　　　　　　　　　现 场 教 学 信 息

任务实施内容		记 录 内 容	知 识 应 用	扣分
相关知识阅读（10分）	直流发电机类型及应用（5分）			
	直流电动机类型及应用（5分）			
直流电机铭牌（10分）	型号及说明（2分）			
	额定值及意义（8分）			
合计得分				

技能训练操作——直流他励发电机接线

1．实训目的

（1）认识直流电机实验中所用的设备及仪表。

（2）学会他励直流电机的接线与操作方法。

2．实训器材

他励直流发动机-发电机机组、电机组实验台、直流电动机起动变阻器、双向开关、变阻器、直流电流表和直流电压表。

3．实训原理

他励直流电动机-发电机机组接线练习，如图 3-1 所示。

4．实训步骤

（1）熟悉直流电机实验的仪器、设备及使用方法。

（2）学会选择仪表与变阻器。根据所选电机铭牌数据和试验中可能达到的最大测量值的范围，选择仪表量程和变阻器的大小，要逐步培养学生选择仪表的能力，首先要能正确选择量程。根据电压表和电流表实验中可能达到的最高电压及电流值来选择其量程。变阻器根据通过它的最大电流值和所需要的电阻值来选择。

例如，电机的铭牌数据如下。

直流电动机：1.5kW　110V　1500r/min　17.6A

直流发电机：1.1kW　115V　1450r/min　9.58A

1）选择直流电压表。因为电动机额定电压为 110V，发电机额定电压为 115V，进行发电机空载试验时一般要达到额定电压的 1.25 倍左右，故测量电

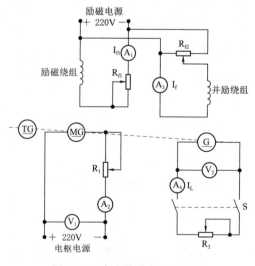

图 3-1　直流他励发电机接线

直流电机电枢
绕组的基本
术语及关系

源电压，电动机电枢电压及发电机输出电压可选用0～150V量程的直流电压表。

2）选择直流电流表。因为电动机额定电流为17.6A，发电机额定电流为9.58A，故测量电动机电枢电流和发电机输出电流可循用0～10～20A的直流电流表。直流电机的励磁电流一般不超过其额定电流的5%～10%，可选择0～2.5A量程的直流电流表。

3）选择变阻器。根据电路所需通过的最大电流及调节范围选择电阻，由于电动机额定电流为17.6A，故电动机电流串联电阻和电枢串联电阻应选择20A、10Ω的电阻，电动机和发电机励磁回路调节电阻根据励磁电流大小可选用2A、300Ω左右的变阻器。

4）准备离心式转速表或其他测速设备，转速为1500r/min，测量电机的转速。

5. 实训考核评价

实训考核评价评分标准见表3-2。

表3-2 实训考核评价评分标准

项目内容	配分	评分标准	扣分
工具仪表及设备清单	30	选型正确，够用	
励磁方式接线正确	20	按原理图接线正确	
电动机—发电机 机组接线	20	按原理图接线正确	
安全文明生产	10	符合安全文明生产要求	
实训总结	20	通过实训操作记录电机及使用设备、仪表编号、规格、铭牌数据	
完成时间	扣分项，最多扣40分	额定时间为30min，每超过5min，扣5分	
备注	除额定时间外，各项内容的最高扣分不应超过配分值		
开始时间		结束时间	实际时间

知识探究

一、直流电机的分类及用途

直流电机的用途很广，可用做电源，即直流发电机，将机械能转化为直流电能；也可提供动力，即直流电动机，将直流电能转化为机械能。

直流发电机主要用做各种直流电源，如直流电动机电源、化学工业中所需的低电压大电流的直流电源、直流电焊机等，如图3-2所示。

直流电机的
应用领域

直流电动机具有调速平滑、起动转矩大和调速范围广等特点，因此常被应用于对起动转矩和调速有较高要求的场合，如大型可逆式轧钢机、矿井卷扬机、宾馆高速电梯、龙门刨床、电力机车、内燃机车、城市电车、地铁列车、造纸和印刷机械等；在日常生活中也常用到直流电动机，如电动自行车、电动剃须刀、电动儿童玩具、用直流电动机拖动的电梯等，如图3-3所示。

二、直流电机的结构

直流电机由定子和转子两大部分组成。直流电机运行时静止不动的部分成为定

（a）直流发电机

（b）电解铝车间

（c）电镀车间

图 3-2　直流发电机应用

（a）直流电动机

（b）地铁列车

（c）城市电车

（d）电动自行车

图 3-3　直流电动机应用

直流电机的
基本结构

子，其主要作用是产生磁场，由机座、主磁极、换向极、端盖、轴承和电刷装置等组成。直流电机运行时转动的部分称为转子，其主要作用是产生电磁转矩和感应电动势，是直流电机进行能量转换的枢纽，所以通常又称为电枢，由转轴、电枢铁心、电枢绕组、换向器和风扇等组成。直流电机的装配结构如图 3-4 所示，纵向剖视图如图 3-5 所示。

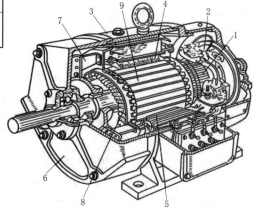

图 3-4　直流电机装配结构
1—换向器；2—电刷装置；3—机座；4—主磁极；
5—换向极；6—端盖；7—风扇；
8—电枢绕组；9—电枢铁心

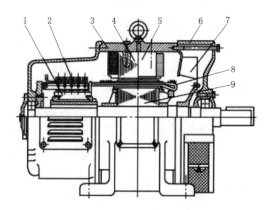

图 3-5　直流电机纵向剖视图
1—换向器；2—电刷装置；3—机座；4—主磁极；
5—换向极；6—端盖；7—风扇；
8—电枢绕组；9—电枢铁心

三、直流电机的工作原理

当原动机拖动转子旋转时，电枢线圈切割气隙磁场并产生交变电动势 $e = Blv$，通过换向器和电刷整流为直流电，电机将原动机输入的机械能转换为直流电能输出，做发电机运行。

如在电机正负电刷间加直流电压，载流电枢导体在气隙磁场中受到电磁力 $f = Bli$ 作用，产生电磁转矩 T，由于电刷和换向器的作用，电刷导体在 N、S 极下时电流交替改变方向因而 T 方向不变，驱动电机转子旋转，带动机械负载。电机将直流电能转换为机械能输出，做电动机运行。

一台直流电机原则上既可以作为电动机运行，也可以作为发电机运行。

直流电机的
工作原理

四、直流电机铭牌及参数

按照国家标准及电机设计和实验数据，规定电机在一定条件下的运行状态为电动机的额定运行。在额定运行情况下，电机最合适的技术数据成为电机的额定值。主要的额定值标注在电动机的铭牌上。电机在额定值下可以长期安全工作，并保持良好的性能，过载时电机过热，降低使用寿命，甚至损坏电机，而轻载度对设备和能量都是一种浪费，降低了电机的效率，应尽量避免。显然，额定值是使用和选择电机的依据，因此使用前一定要详细了解这些铭牌数据。表 3-3 为某台直流电动机的铭牌。

直流电机的
铭牌

表 3-3　　　　　　　　　直流电动机铭牌

型号	$Z_3 - 95$	产品编号	7001
功率	30kW	励磁方式	他励
电压	220V	励磁电压	220V
电流	160.5A	工作方式	连续
转速	750r/min	绝缘等级	定子B、转子B
标准标号	JB1104-1968	质量	685kg
×××电机厂		出厂日期×年×月	

1. 型号

直流电机的型号表明该电机所属的系列及主要特点。我国直流电机的型号一般用大写汉字拼音字母和阿拉伯数字表示，例如，型号 $Z_3 - 95$ 中的 Z 表示普通用途直流电机，脚注 3 表示第三次改型设计，第一个数字 9 表示机座直径尺寸序号，第二个数字 5 表示铁心长度序号；又如型号 $Z_2 - 112$，其中 Z 表示直流电机，脚注 2 表示第二次改型设计，11 表示 11 号机座，2 表示第二种铁心长度。

2. 主要参数

(1) 额定功率 P_N。额定功率是指电机在额定运行时的输出功率，对于发电机是指输出电功率，对于电动机是指输出机械功率，单位为 W 或 kW。

(2) 额定电压 U_N。额定电压是指在额定运行情况下，直流发电机的输出电压或直流电动机的输入电压，单位为 V 或 kV。

(3) 额定电流 I_N。额定电流是指额定电压和额定负载时，允许电机（发电机或电动机）长期输出的电流，单位为 A。

对于发电机，有

$$P_N = U_N I_N \tag{3-1}$$

对于电动机，有 $\qquad P_N = U_N I_N \eta_N \tag{3-2}$

式中　η_N——额定功率。

（4）额定转速 n_N。额定转速是指电机在额定电压和额定负载时的旋转速度，单位为 r/min。

（5）额定励磁电流 I_{IN}。额定励磁电流是指在额定电压、额定电流、额定转速和额定功率条件下通过电机的励磁绕组的电流。

（6）励磁方式。励磁方式是指直流电机的电枢绕组和励磁绕组的连接方式，一般有他励、串励、并励和复励等。

（7）额定温升。额定温升是指电机允许的温度限度。温升高地与电机使用的绝缘材料的绝缘等级有关，电机的允许温升与绝缘等级的关系见表 3-4。

表 3-4　　　　　　　　　　　　电机的允许温升与绝缘等级

绝缘耐热等级	A	E	B	F	H	C
绝缘的材料允许温升/℃	105	120	130	155	180	180 以上
电机的允许温升/℃	60	75	80	100	125	125 以上

五、直流电机的励磁方式

直流电机的励磁方式

励磁绕组的供电方式称为励磁方式，按励磁方式的不同，直流电机分为他励直流电机、并励直流电机、串励直流电机、复励直流电机 4 类。

1. 他励直流电机

励磁绕组由其他直流电源供电，与电枢绕组之间没有电的联系，如图 3-6（a）所示。永磁式直流电机也属于他励直流电机，因其励磁场与电枢电流无关，图 3-6 中电流正方向是以电动机为例设定的。

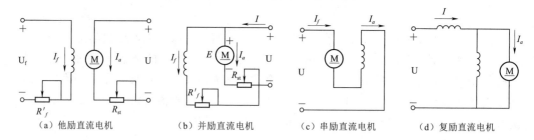

（a）他励直流电机　　（b）并励直流电机　　（c）串励直流电机　　（d）复励直流电机

图 3-6　直流电机的励磁方式

2. 并励直流电机

励磁绕组与电枢绕组并联，如图 3-6（b）所示。励磁电压等于电枢绕组端电压。以上两类电机的励磁电流只有电机额定电流的 1%～5%，所以励磁绕组的导线细而匝数多。

3. 串励直流电机

励磁绕组与电枢绕组串联，如图 3 - 6（c）所示。励磁电流等于电枢电流，所以励磁绕组的导线组而匝数少。

4. 复励直流电机

每个主磁极上套有两个励磁绕组，其中一个电枢绕组并联，成为并励绕组；另一个与电枢绕组串联，成为串励绕组，如图 3 - 6（d）所示。两个绕组产生的磁动势方向相同时成为积复励，两个磁动势方向相反称为差复励，通常采用积复励方式。

直流电机的励磁方式不同，运行特性和使用场合也不同。

任务 2 直流电动机的起动和反转

任务目标

（1）了解直流电动机起动原理。

（2）掌握直流电机的起动、反转方法。

（3）熟悉直流电动机的起动、反转电路。

任务描述

了解直流电动机起动、反转和调速原理，讨论直流电动机的起动、反转和调速方法；在实验室进行直流电动机起动与反转实验。

任务实施

一、课堂教学

直流电动机起动与反转方法分析与讨论，完成必备知识信息表 3 - 5 填写。

表 3 - 5 必 备 知 识 信 息

	要　求	答　案	得分
直流电动机起动	起动的方法及特点（10 分）		
直流电动机反转	反转的方法及特点（10 分）		
	合计得分		

二、技能训练操作——直流电动机的起动、反转

1. 实训目的

（1）学会并（他）励直流电动机的起动方法和起动器的使用。

（2）熟悉和掌握并（他）励直流电动机的反转方法。

2. 实训器材

并励直流电动机—发电机机组、电机组试验台、直流发电机起动变阻器、变阻器、转速表、直流电压表、直流电流表、负载箱。

3. 实训原理

直流电动机起动、反转接线原理如图 3-7 所示。

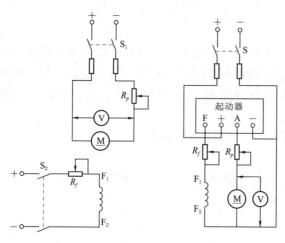

图 3-7 直流电动机起动、反转接线原理

4. 实训步骤

（1）直电动机起动前应将励磁变阻器 R_f 置于阻值最小位置，以限制电动机起动后的转速及获得较大的起动转矩；电枢变阻器 R_p 置于阻值最大位置，以限制电动机起动电流。

（2）先接通励磁电流，然后接通电枢电源，缓慢减小电枢变阻器 R_p 的阻值，直至起动变阻器的阻值为零，直流电动机起动完毕，记下直流电动机的转向。

（3）用转速表正确测量直流电动机的转速。适当调节励磁变阻器 R_f 的大小，观察电动机的转速变化情况，但应注意电动机的转速不能太高。

（4）逐渐增大电枢变阻器 R_p 的阻值，观察电动机的转速变化情况。

（5）先断开电枢电源，再断开励磁电源，待电动机完全停车后，分别改变直流电动机励磁绕组和电枢绕组的接法，再起动电动机，观察电动机的转向变化。

（6）注意事项如下：

1）接线可从一极出发，经过主要电路的各个仪表、设备，最后回到另一极，然后接并联支路。

2）通电前要仔细检查电路连接是否正确和牢靠，仪表的量程及极性和设备的手柄位置是否正确，确保无误方可通电。

3）正确起动直流电动机，如发现不转，要立即切断电源检查电路。

4）每次停车后，都要把起动变阻器退回到电阻值最大的位置，防止下次直接起动。

5. 实训考核评价

实训考核评价评分标准见表 3-6。

表 3-6　　　　　　　　实 训 考 核 评 分 标 准

项目内容	配分	评 分 标 准	扣分
工具仪表及设备清单	15	选型正确，够用	
起动及反转控制接线	20	按原理图接线正确	
起动控制操作	20	按实训要求正确进行电动机反转控制操作	
反转控制操作	20	按实训步骤要求正确进行电动机反转操作控制	
安全文明生产	10	符合安全文明生产要求	

续表

项目内容	配分	评 分 标 准		扣分
实训总结	15	通过实训操作记录并总结起动和反转方法		
完成时间		额定时间为 45min，每超时 5min，扣 5 分		
备注	除额定时间外，各项内容的最高 扣分不应超过配分值			
开始时间		结束时间	实际时间	

知识探究

一、直流电动机起动

电动机转子从静止状态开始转动，转速逐渐上升，最后达到稳定运行状态的过程称为起动。电动机在起动过程中，电枢电流 I_a、电磁转矩 T_{em}、转速 n 都随时间变化，是一个过渡过程。电动机开始起动的一瞬间，转速等于零，这时的电枢电流称为起动电流，用 I_{st} 表示，对应的电磁转矩称为起动转矩，用 T_{st} 表示。

直流电动机
的起动

1. 对直流电动机起动的基本要求。

（1）要有足够大的起动转矩，以确保起动过程所需的时间较短。

（2）起动电流要在一定的范围内。

（3）起动设备要简单、可靠。

在实际工程中，通常要求起动过程应满足在确保足够起动转矩的前提下尽量减小起动电流。一般情况下，直流电动机起动时必须满足以下两个条件。

$$I_{st} \leqslant (2 \sim 2.5) I_N$$
$$T_{st} \geqslant (1.1 \sim 1.2) T_N$$

以确保电动机拖动额定负载顺利起动。

2. 直流电动机起动方法

（1）直接起动。直接起动就是在他励直流电动机的电枢上直接加以额定电压的起动方式。电动机起动瞬间，起动转矩和起动电流分别为

$$T_S = c_T \Phi I_{st}, \quad I_{st} = \frac{U_N}{R_a} \tag{3-3}$$

起动最初，$n = 0$，$E_a = 0$，起动电流 I_{st} 较大，如果电枢电压为额定电压 U_N，则起动电流可达额定电流的 $10 \sim 20$ 倍。这样大的电流会使换向恶化，产生严重的火花；与电枢电流成正比的电磁转矩过大，对机械产生过大的冲击力。因此，必须采取适当的措施限制起动电流。处容量较小的电动机外，其他电动机决不允许直接起动。

（2）直流电动机电枢回路串电阻起动。电枢回路串电阻起动即起动时在电枢回路串入电阻，以减小起动电流 I_{st}，电动机起动后，再逐渐撤除电阻，以保证足够的起动转矩。电动机起动前，应使励磁回路附加电阻为零，以使磁通达到最大值，以产生较大的起动转矩。

在生产实际中，如果能够做到适当选用各级起动电阻，那么电枢回路串电阻起动方法由于其起动设备简单、经济和可靠，同时可以做到平滑快速起动，因而得到广泛应用。但对于不同类型和规格的直流电动机，对起动电阻的级数要求也不尽

相同。

电动机起动时，励磁电路的调节电阻 $R_f = 0$，使励磁电流 I_f 达到最大。电枢电路串联附加电阻器 R_{st}，电动机加上额定电压，R_{st} 的数值应使 I_{st} 不大于允许值。为了缩短起动时间，保证电动机在起动过程中的加速度不变，要求在电动机起动过程中电枢电流维持不变，因此随着电动机转速的升高，就应将起动电阻平滑地撤除，最后调节电动机的转速使其达到运行值。

（3）降压起动。当直流电动机的电枢回路由专用的可调压直流电源供电时，可以采用降低电枢电压的起动方法，即降压起动。降压起动只能在电动机有专用电源时才能采用，降压起动需要专用电源，设备投资较大，但它起动电流小，升速平稳，并且在起动过程中能量消耗也小，因而得到广泛应用。

二、直流电动机的反转

在实际生产中，常常要求直流电动机既能正转又能反转。例如，直流电动机拖动龙门刨床的工作台往复运动，矿井卷扬机的上下运动等。

要使电动机反转，必须改变电磁转矩的方向，而电磁转矩的方向由磁通方向和电枢电流的方向决定，所以，只要将磁通 Φ 或电枢电流 I_a 的任意一个参数改变方向，电磁转矩 T_{em} 即可改变方向。在控制时，直流电动机的反转实现方法通常有以下两种。

1. 改变励磁电流方向

保持电枢两端电压不变，将励磁绕组反接，使励磁电流方向，磁通即改变方向。

2. 改变电枢电压极性

保持励磁绕组两端的电压极性不变，将电枢绕组反接，电枢电流即改变方向。

由于他励直流电动机的励磁绕组匝数多，电感大，励磁电流从正向额定值变到反向额定值的时间长，反向过程缓慢，而且在励磁绕组反接断开瞬间，绕组中将产生很大的自感电动势，可能造成绝缘击穿，所以实际应用中大多数采用改变电枢电压极性的方法来实现电动机的反转。但电动机容量很大，对于反转速度变化要求不高的场合，为了减小控制电器的容量，可采用改变励磁电流方向的方法来实现电动机的反转。

任务 3 直流电动机的调速和制动

任务目标

（1）了解电枢回路串电阻改变主磁通及改变电枢电压三种调速方法的调速原理。

（2）掌握直流电动机的调速方法。

（3）熟悉直流电动机调速的性能指标。

（4）掌握直流电动机的制动方法。

任务描述

了解直流电动机调速和制动原理，讨论直流电动机的调速方法和制动方法；在实验室进行直流电动机调速实验。

任务实施

一、课堂教学

进行直流电动机调速和制动方法分析与讨论，完成必备知识信息表 3-7 填写。

表 3-7   必备知识信息

要 求		答 案	得分
直流电动机调速	调速的方法及特点 （10 分）		
直流电动机制动	制动的方法及特点 （10 分）		
合计得分			

二、技能训练操作

1. 实训目的

（1）掌握测定直流电动机的速度特性。

（2）掌握直流电动机的调速方法。

（3）掌握直流并励电动机的能耗制动方法。

2. 实训器材

并励直流电动机—发电机机组、电机组试验台、RS 起动器、变阻器、转速表、直流电压表、直流电流表、负载箱。

3. 实训接线

（1）直流并励电动机调速实验接线，如图 3-8 所示。

（2）直流并励电动机能耗制动接线，如图 3-9 所示。

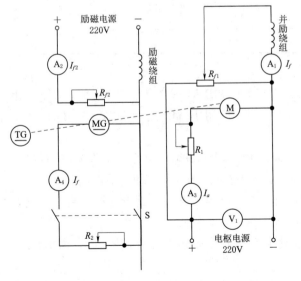

图 3-8　直流并励电动机调速实验接线

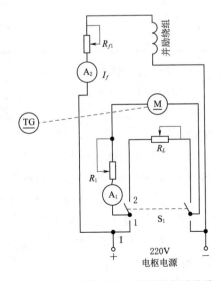

图 3-9　直流并励电动机能耗制动接线

4. 实验步骤

（1）电枢绕组串电阻调速。

1）直流电动机 M 运行后，将电阻 R_1 调至零，I_{f2} 调至校正值，再调节负载电阻 R_2、电枢电压及磁场电阻 R_{f1}，使 M 的 $U = U_N$，$I_a = 0.5I_N$，$I_f = I_{fN}$ 记下此时 MG 的 I_F 值。

2）保持此时的 I_F 值（即 T_2 值）和 $I_f = I_{fN}$ 不变，逐次增加 R_1 的阻值，降低电枢两端的电压 U_a，使 R_1 从零调至最大值，每次测取电动机的端电压 U_a，转速 n 和电枢电流 I_a。

3）共取数据 7～9 组，记录于表 3-8 中。

表 3-8　$I_f = I_{fN} = $ 　　mA　　$I_F = $ 　　A（$T_2 = $ 　　N·m）　　$I_{f2} = 100$mA

U_a/V							
n/(r/min)							
I_a/A							

（2）改变励磁电流的调速。

1）直流电动机运行后，将 M 的电枢串联电阻 R_1 和磁场调节电阻 R_{f1} 调至零，将 MG 的磁场调节电阻 I_{f2} 调至校正值，再调节 M 的电枢电源调压旋钮和 MG 的负载，使电动机 M 的 $U = U_N$，$I_a = 0.5I_N$ 记下此时的 I_F 值。

2）保持此时 MG 的 I_F 值（T_2 值）和 M 的 $U = U_N$ 不变，逐次增加磁场电阻阻值：直至 $n = 1.3n_N$，每次测取电动机的 n、I_f 和 I_a。共取 7～8 组记录于表 3-9 中。

表 3-9　$U = U_N = $ 　　V　　$I_F = $ 　　A（$T_2 = $ 　　N·m）　　$I_{f2} = 100$mA

n/(r/min)							
I_f/mA							
I_a/A							

（3）能耗制动。

1）按图 3-9 接线，其中 R_1 选用 EM44 上 90Ω 串 90Ω 共 180Ω 阻值，R_{f1} 选用 EM44 上的 900Ω 串 900Ω 共 1800Ω 阻值，R_L 选用 EM42 上 900Ω 串 900Ω 再加上 900Ω 并 900Ω 共 2250Ω 阻值。

2）把 M 的电枢串联起动电阻 R_1 调至最大，磁场调节电阻 R_f 调至最小位置。S_1 合向 1 端位置，然后合上控制屏下方右边的电枢电源开关，使电动机起动。

3）运转正常后，将开关 S_1 合向中间位置，使电枢开路。由于电枢开路，电机处于自由停机，记录停机时间。

4）将 R_1 调回最大位置，重复起动电动机，待运转正常后，把 S_1 合向 R_L 端，记录停机时间。

5）选择 R_L 不同的阻值，观察对停机时间的影响（注意调节 R_1 及 R_L 不宜太小的阻值，以免产生太大的电流，损坏电机）

5. 实训考核评价

实训考核评价评分标准见表 3 - 10。

表 3 - 10 实训考核评价评分标准

项目内容	配分	评 分 标 准	扣分
工具仪表及设备清单	15	选型正确，够用	
起动及反转控制接线	20	按原理图接线正确	
调速控制操作及相关参数的测定	40	按实训要求正确进行电动机起动控制操作，并测定记录相关数据	
安全文明生产	10	符合安全文明生产要求	
实训总结	15	通过实训操作，记录并总结转速特性和调速方法	
完成时间	额定时间为 2h，每超时 10min，扣 5 分		
备注	除额定时间外，各项内容的最高扣分不应超过配分值	成绩	
开始时间		结束时间	实际时间

知识探究

一、直流电动机的机械特性

1. 机械特性方程式

直流电动机的机械特性方程式可根据直流电动机的基本方程导出，利用电流 I_a 表示的机械特性方程为

$$n = \frac{U_N}{C_e \Phi} - \frac{I_a R_a}{C_e} \Phi \tag{3-4}$$

利用电磁转矩 T_{em} 表示的机械特性方程为

$$n = \frac{U_N}{C_e \Phi} - \frac{I_a R_a}{C_e C_T \Phi^2} T_{em} \tag{3-5}$$

式中 n——电枢转数；

    Φ——磁通；

    C_e——由电机结构决定的电动势常数；

    C_T——由电动机结构决定的转矩常数；

    I_a——电枢电流；

    R_a——电枢电阻。

直流电动机
工作特性

2. 固有机械特性

当他励直流电动机端电压 $U = U_N$，励磁电流 $I_f = I_{fN}$，电枢回路不串附加电阻时的机械特性称为固有机械特性。

固有机械特性的特性曲线特点如下：

（1）对于任何一台直流电动机，其固有机械特性只有一条。

（2）由于 R_a 较小，特性曲线的斜率 β 较大，转速降落 Δn 较小，特性曲线较平坦，属于硬特性。

95

3. 人为机械特性

在有些情况下，要根据需要机械特性中 R_a、U、Φ 3 个参数中保持两个参数不变，人为地改变另一个参数，从而得到不同的机械特性，使机械特性满足不同的工作要求。这样获得的机械特性称为人为机械特性。他励直流电动机的人为机械特性有以下 3 种。

（1）电枢串联电阻器时的人为机械特性。如电枢回路串联电阻器，而保持电源电压和励磁磁通不变，与固有机械特性相比，电枢串联电阻器时的人为机械特性具有如下特点。

1）理想空载转速与固有机械特性时相同，且不随串联电阻 RP_a 的变化而变化。

2）随着串联电阻 RP_a 越大，特性曲线的斜率 β 变大，转速降落 Δn 变大，特性变软，稳定性变差。

3）机械特性由与纵坐标轴交于一点（$n = n_0$）但具有不同斜率的射线族组成。

4）串联的附加电阻 RP_a 越大，电枢电流流过的 RP_a 所产生的损耗就越大。

（2）改变电源电压时的人为机械特性。此时电枢回路附加电阻 $RP_a = 0$，磁通保持不变。改变电源电压，一般是由额定电压向下改变。

由机械特性方程可知，这时的人为机械特性与固有机械特性相比，当电源电压降低时，其机械特定性的特点如下。

1）特性曲线斜率 β 不变，转速降落 Δn 不变，但理想空载转速 n_0 降低。

2）机械特性由一组平行线所组成。

3）由于 $RP_a = 0$，因此其特性曲线较串联电阻时硬。

4）当 T 为常数时，降低电压，可使电动机转速 n 降低。

（3）改变电动机主磁通时的人为机械特性。在励磁回路内串联电阻器 RP_f，并改变其大小，即能改变励磁电流，从而使磁通改变。一般电动机在额定磁通下工作，磁路已接近饱和，所以改变电动机主磁通只能是减弱磁通。减弱磁通时，使附加电阻 $RP_f = 0$、电源电压 $U = U_N$。

根据机械特性方程可得出，此时的人为机械特性曲线特点如下：

1）理想空载转速 n_0 与磁通 Φ 成反比，即当 Φ 减小时，n_0 增大。

2）磁通 Φ 减小，特性曲线斜率 β 增大，且 β 与 Φ 成反比。

3）一般 Φ 减小，n 增大，但由于受机械强度的限制，磁通 Φ 不能减小太多。

一般情况下，电动机额定负载转矩小得多，故减弱磁通时通常会使电动机转速升高。但也不是在所有的情况下减弱磁通都可以提高转速，当负载特别重或磁通特别小时，如再减弱磁通，反而会发生转速下降的现象。

这种现象可以利用机械特性方程式（3-5）来解释。当减弱磁通时，一方面由于等式右边第一项的因素提高了转速。另一方面由于等式右面第二项的因素要降低转速，而且后者与磁通的平方成反比，因此在负载转矩大到一定程度时，减弱磁通所能提高的转速，完全被因负载所引起的转速降落所抵消。

二、直流电动机的调速方法

电动机的调速是指在电动机的机械负载不变的条件下改变电动机的转速，调速有机械调速、电器调速以及机械电器配合调速 3 种方式。

机械调速时人为改变机械传动装置的传动化，从而改变生产机械的运行速度。机械调速是有级的，在变换齿轮时必须停车，否则容易将齿轮打坏。小型机床一般采用机械调速方式继续进行调速。

电气调速是通过改变电动机的机械特性来改变电动机的转速。电气调速可使机械传动机构简化，调高传动频率，还可实现无极调速，调速时无需停车，操作简便，便于实现调速的自动控制。因此，电气调速在生产机械的调速中获得了广泛应用，如各种大型机床、精密机床等都采用电气调速。

与机械调速相比较，电气调速虽有很多优点，但也有其不足之处，如控制设备电路比较复杂，一次性投资大、维修难度大等。因此，在某些生产机械上常采用机械电气配合的调速方式，即机电气配合调速方法。

由于直流电动机的调速性比异步电动机好，调速范围广，能够实现无极调速，且便于自动控制。因此，在调速要求高的生产机械上，较多采用直流电动机作为拖动电动机。下面主要介绍直流电动机的电气调速方法。

由直流电动机的转速公式 $n=\dfrac{U-I_aR_a}{C_e\Phi}$ 可知，直流电动机的调速可通过以下 3 种方法来实现：一是改变电枢回路串电阻调速；二是改变主磁通调速；三是改变电枢电压调速，下面分别予以介绍。

1. 改变电枢回路串电阻调速

改变电枢回路串电阻调速是在电枢回路中串联调速变阻器来实现的，当电枢回路串接电阻 R_P 后，电动机的转速为

$$n=\frac{U-I_a(R_a+R_P)}{C_e\Phi}$$

可见，当电源的电压 U 及主磁通 Φ 保持不变时，调速电阻 R_P 增大，则电阻压降 $I_a(R_a+R_P)$ 增加，电动机转速 n 下降；反之，转速上升。

这种调速方法只能使电动机的转速在额定转速以下范围进行调节，故其调速范围不大，一般为 1.5∶1。另外，由于调速电阻 R_P 长期通过较大的电枢电流，不但消耗大量的电能，而且使转速受负载影响较大，所以不经济且稳定性较差。但由于这种调速方法所需设备简单，操作方便，所以对于短期工作，功率不太大且对机械特性曲线硬度要求不太高的场合，如蓄电池搬运车，无轨电车，电池铲车及吊车等生产机械上仍广泛采用这种调速方法。

2. 改变主磁通调速

改变主磁通调速是通过改变历次电流大小来实现的。为此，需在励磁电路中串联一个变阻器。可见，调节励磁电路的变阻器时，励磁电流也随着改变，主磁通也就随之改变。由于励磁电流不大，故调速过程中的能量消耗较小，比较经济，因而在直流电机拖动中得到广泛应用。

由于他励直流电动机在额定运行时，磁路已稍有饱和，所以改变主磁通调速法，只能用减弱励磁的方式来实现调速（称弱磁调速），即电动机转速只能在额定转速以

上范围进行调节。但转速又不能调节得过高，以免电动机振动过大，换向条件恶化，甚至出现"飞车"事故。所以利用这种方法调速时，最高转速一般在 3000r/min 以下，常和额定转速以下的调速方法配合使用，以扩大调范围。

另外，在大型串励电动机上常采用在励磁绕组两端并联可调分流电阻器的方法进行磁调速；在小型串励电动机上常采用改变励磁绕组的匝数或接线方式来实现调磁调速。

3. 改变电枢电压调速

由于电网电压一般是不变的，所以改变电枢电压调速方法适用于他励直流电动机的调速控制且必须配置专用的直流电源调压设备。这种调速方法调速范围广，调速平滑性好。可实现无极调速，且有较好的起动、调速、正反转、制动控制性能，因此曾被广泛应用于龙门刨床、重型镗床、轧钢机、矿井提升设备等生产机械上。但由于设备费用大、机组多、占地面积大、效率较低。过渡过程的时间较长等不足，所以随着晶闸管技术的不断发展，目前正日趋广泛地使用晶闸管整流装置作为直流电动机的可调电源，组成晶闸管直流电动机调速系统。

三、直流电动机调速的性能指标

在选择和评价某种调速系统时，应考虑下列指标：调速范围、调速的相对稳定性及静差度、调速的平稳性、调速时的容许输出、经济性等。

1. 技术指标

(1) 调速范围。调速范围是指在一定负载转矩下，电动机可能运行的最大转速 n_{max} 与最小转速 n_{min} 之比，即

$$D = \frac{n_{max}}{n_{min}}$$

近代机械设备制造的趋势是力图简化机械结构，减少齿轮变速机构，从而要求拖动系统能具有较大的调速范围，不同生产机械要求的调速范围是不同的，如车床的调速范围是 20～120，龙门刨床的调速范围是 10～40，机床进给机构的调速范围是 5～200，轧钢机的调速范围是 3～120，造纸机的调速范围是 3～20 等。

电力拖动系统的调速范围，一般是机械调速和电气调速配合起来实现的。那么，系统的调速范围就应该是机械调速范围与电气调速范围的乘积。在这里，主要研究电气调速范围。在决定调速范围时，需要计算负载转矩下的最高转速和最低转速，但一般计算负载转矩大致等于额定转矩，所以可取额定转矩下的最高转速和最低速度的比值作为调速范围。

(2) 调速的相对稳定性和静差度。相对稳定性是指负载转矩在给定的范围内变化时所引起的速度的变化，决定于机械特性性曲线的斜率。斜率大的机械特性在发生负载波动时，转速变化较大，这要影响到加工质量及生产率。生产机械对机械特性的相对稳定性的程度是有要求的。如果低速时机械特性较软，相对稳定性较差，低速就不稳定，负载变化，电动机转速可能变得接近于零，甚至可能使生产机械停下来。因此，必须设法得到低速硬特性，以扩大调速范围。

静差度（又称静差率）是指当电动机在一条机械特性上运行时，由理想空载到满

载时的转速降落与理想空载转速 n_0 的比较，用百分数表示，即 $\delta = \dfrac{\Delta n}{n_0} \times 100\%$，在一般情况下，取额定转矩下的速度落差。

静差度的概念和机械特性曲线的硬度很相似，但又有不同之处。两条互相平行的机械特性曲线，硬度相同，但静差度不同，例如，高转速时机械特性的静差度与低转速时机械特性的静差度相比较，在硬度相同的条件下，前者较小。同样硬度的特性曲线，转速越低，静差度越大，越难满足生产机械对静差度的要求。

（3）调速的平滑性。调速的平滑性是指在一定的调速范围内，相邻两级速度变化的程度，用平滑系数表示，即

$$\varphi = \frac{n_i}{n_{i-1}}$$

式中　n_i、n_{i-1}——相邻两级，即 i 级与 $i-1$ 级的速度。

这个比值越接近于1，调速的平滑性越好。在一定的调速范围内，可能得到的调速转速的级数越多，则调速的平滑性越好，最理想的是连续平滑调节的"无级"调速，其调速级数趋于无穷大。

（4）调速时的容许输出。调速时的容许输出是指电动机在得到充分利用情况下，在调速过程中能够输出的功率和转矩。对于不同类型的电动机采用不同的调速方法时，容许输出功率与转矩随转速变化的规律是不通的。另外，电动机稳定运行时的实际输出功率与转矩也是不同的，应该使调速方法适应负载的要求。

2. 经济指标

在设计选择调速系统时，不仅要考虑技术指标，而且要考虑经济指标，调速的经济指标决定于调速系统的设备投资及运行费用，而运行费用又决定于调速过程的损耗，它可用设备的效率来说明，即 $\eta = [(P_1 - \sum P)/P_1] \times 100\%$，各种调速方法的经济指标极为不同。例如，他励直流电动机电枢串电阻的调速方法经济指标较低，因电枢电流较大，串接电阻的体积大，所需投资多，运行时产生大量损耗，效率低，而弱磁调速方法则比较经济，因励磁电流较小，励磁电路的功率仅为电枢电路功率的 $1\% \sim 5\%$。总之，在满足一定的技术指标下，确定调速方案时，应力求设备投资小，电能损耗小，而且维修方便。

四、直流电动机的制动方法

直流电动及的制动方法有机械制动和电力制动两大类、机械制动常用的方法是电磁拖闸制动器制动。电力制动常用的方法有能耗制动、反接制动和回馈制动3种。由于电力制动具有制动力矩大、操作方便、无噪声等优点，所以在直流电力拖动中的应用较广。

1. 能耗制动

电动机原先处于电动状态工作（电磁转矩的方向与旋转方向相同），如图3-10（a）所示。

制动时，保持励磁电流不变，即励磁磁通不变，把电枢两端从电源立即切换到电阻 R 上，此电阻称为制动电阻。由于生产机械和电动机的惯性，电动机将继续按原

直流电动机
的制动

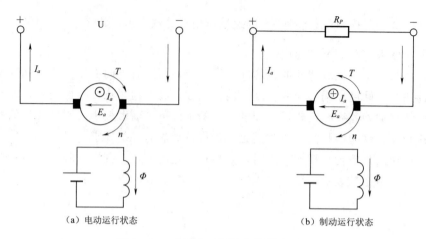

（a）电动运行状态   （b）制动运行状态

图 3-10 直流电动机的能耗制动原理

来的方向旋转。因为磁通方向不变，产生的感应电动势也不变。此时电动机变为发电机运行，电枢电流的方向及其产生的电磁转矩的方向改变了，使电磁转矩的方向与旋转方向相反，如图 3-10（b）所示，称为制动转矩。当电动机带反抗性恒转矩负载时，可使电动机迅速停转；当电动机带位能性恒转矩负载，如要迅速停车，在转速接近零时必须用机械抱闸将电动机转轴抱住，否则电动机将反转，最后进入能耗制动运行。

将 $U=0$，电枢回路串电阻 R_P，代入电动机机械特性方程式得

$$n = -\frac{R_a + R_P}{C_e C_T \Phi_N^2} T$$

可见，能耗制动时的机械特性曲线是过原点的一条直线，它是与电枢回路串电阻 R_P 的人为特性曲线平行的一条直线。

能耗制动过程的物理意义是电动机由生产机械和自身的惯性作用拖动发电，把生产机械和电动机储存的动能转换为电能，再消耗在电枢回路的电阻 R 和 R_P 上，所以称为能耗制动。

制动电阻越小，制动时电枢电流越大，产生的制动转矩也越大，制动作用越强。为了避免制动转矩和电枢电流过大给传动系统和电动机带来不利影响，通常选择 R_P 使最大制动电流不超过电动机额定电流的 2～2.5 倍。

2. 反接制动

反接制动又分为改变电枢电压极性的电枢反接制动和电枢回路串大电阻的倒拉反接制动两种。下面主要介绍电枢反接制动：当电动机在电动状态下，以转速 n 稳定运行时，维持励磁电流不变，即磁场不变，突然改变外加电枢电压的极性，即电枢电压由正变负，如图 3-11 所示，与电枢电动势 E_a 同向，此时电枢电流与原来方向相反，数值很大，产生一个很大的电磁制动转矩，使电动机很快停转。

$$I_a = \frac{-U_N - E_a}{R_a} = -\frac{U_N + E_a}{R_a}$$

反接制动时电枢电流很大，会使电源电压产生波动，并产生强烈的制动作用。因此，在反接制动时电枢电路中应串入电阻 R_b，电阻的大小选择应使反接制动时电枢电流不超过额定电流的 $2\sim2.5$ 倍。即

$$R_b \geqslant \frac{U_N + E_{aN}}{(2\sim2.5)I_N} - R_a$$

制动时电动机变为发电机运行，电源供给的能量与生产机械和电动机所具有的动能全部消耗在电枢回路的电阻上。

若制动的目的是为了停车，而不是反转，电动机转速接近于零时必须立即断开电源，否则转速过零后往往又会反向起动。

3. 回馈制动

回馈制动又称再生发电制动，电动机在运行过程中，由于某种客观原因，使实际转速 n 高于电动机的理想空载转速 n_0，如电车下坡、起重机下放重物等情况，位能转换所得的动能使电动机加速，电动机就处于发电状态，并对电动机起制动作用，如图 3-12 所示。因为 $n > n_0$ 时，电动机的感应电动势 $E_a > U_N$，电枢电流 $I_a = \frac{U_N - E_a}{R_a} = -\frac{E_a - U_N}{R_a}$。电流的方向与原来相反，磁场没有变，电磁转矩随电枢电流反向而反向，成为制动转矩。此时电动机处于发电状态，把位能转变为电能，并回馈到电网，所以称为回馈制动。回馈制动时一般不串入电阻，因为若串入电阻，电动机转速会升得很高，实际运行时则不允许；又因为不串入电阻时，没有电阻上的能量损耗，使尽可能多的电能回馈电网。

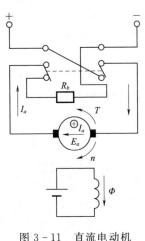

图 3-11　直流电动机
反接制动原理

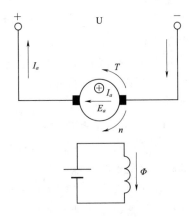

图 3-12　直流电动机
回馈制动原理

课程思政——顾国彪院士：多给自主创新一点时间

近日，由中科院电工所自主研发的"发电设备蒸发冷却技术"项目顺利通过验收，安装在三峡右岸水电站的两台 80 万 kW 量级的蒸发冷却水轮发电机通过检测并安全运行。为此，中国工程院院士、中科院电工研究所研究员顾国彪接受了《中国科

学报》记者的采访。他再三强调："社会应多给自主创新一点时间。"

据顾国彪介绍，大型发电机在运行时会产生大量热量，需要对其进行冷却。目前国际上主要有空冷、水冷两种冷却方式，而蒸发冷却技术则是利用低沸点的液体通过相变换热来传递热量，实现对发电设备的冷却。这种经济高效的新型冷却技术，由我国科学家提出并实现。

20 世纪 80 年代初，顾国彪带队完成 1 万 kW 蒸发冷却水轮发电机的研制，该发电机在云南运行良好。1992 年，安康的 5 万 kW 蒸发冷却水轮发电机发电成功。1999 年，黄河李家峡电站的 40 万 kW 水轮发电机组同样顺利完工并运行。2013 年，三峡的大功率水轮发电机组再次通过验收。"从 1kW 到 80 万 kW，每一个台阶，我们都花了大约 10 年的时间。"顾国彪回忆，项目组先后因各种原因被解散了三次，但他一直没有放弃，在第四次重组后终于取得了现在的成就。

目前，在三峡水电站安装的 32 台发电机组中，有两台采用了顾国彪等人研发的蒸发冷却技术，其他发电机组采用的都是国外的空冷、水冷技术。"事实证明，我们的技术比他们要稳定，噪音也比他们小。未来我们的设备完全可以替换他们的技术。"

顾国彪表示，三峡水电站的 70 万 kW 水轮发电机组是目前全世界功率最大的水轮机，蒸发冷却技术已被证明可以和这种大功率发电机组相适用。"如果水轮发电机的功率提高到百万千瓦以上，水冷技术估计是满足不了的，但我们的蒸发冷却技术完全可以。"目前，在建的云南乌东德水电站已经和电工所接洽，打算就百万千瓦级水电机组的冷却技术进行合作，"国外的阿尔斯通公司也在找我们洽谈。"他说。

"现在大家都在说自主创新，有关这方面，我想多说几句。"顾国彪表示，社会各界需要给自主创新技术多一点包容和理解，因为自主创新意味着更多的风险，"目前国内习惯从国际科研的热点出发，进行跟踪创新，而原始创新因为没有国外相关技术的参考，常常遭受打击或不受重视，这一现象亟须引起重视。"

他还认为，自主创新的技术必须经过一个又一个发展台阶才能往上走，每个台阶都需要得到社会承认，然后才能走下一步。因此，"我们应该呼吁一下，多给自主创新一点时间"。

自 1958 年开始，顾国彪院士一直从事大型发电机新型蒸发冷却技术的创新和产业化工作，实现了一项国际创新技术从研究到产业化的全过程。他坚持不懈地进行蒸发冷却技术的知识创新与技术创新，并逐步走上工业应用，从小型工业样机研制到中型、大型工业机组的成功运行，实现了科技研发到产业化的全过程。通过这个案例，了解中国电机发展史，在举世闻名的三峡水电站建设历史中，老一辈的科学家不忘初心，牢记使命，以报效祖国为自己的最高荣誉，是所有电机及控制领域工作者前行的目标。

项目四　其他电机及应用

项目概述

在电力系统中，除了普通的用于拖动生产机械的电机外，还有许多功率小、重量轻、运行原理独特的微型电机，这类电机统称为微特电机。微特电机包括驱动微电机和控制电机两大类。其中，驱动微电机的功率范围一般小于一马力（750W以下）。这类电动机在电力拖动系统中主要作为执行机构使用，如单相异步电动机、伺服电动机、力矩电机、直线电机以及超声波电动机等。同一般旋转电机一样，驱动电机的主要作用是为了实现机电能量转换，因而对它们的能力指标有较高的要求；而控制电机的主要作用是完成控制信号的转换和传递，其主要指标体现在响应快、精度高等方面。这类电机包括测速发电机、自整角机以及旋转变压器等。具备微特电机的应用能力，是从事电气运行与维护、设备安装于试验等相关岗位的能力要求之一。通过本项目的实施，使学生掌握微特电机的基本知识，具备微特电机的应用能力。本项目按五个任务实施。

教学目标

（1）了解各种微特电机的结构、原理及作用。

（2）掌握各种微特电机的应用。

（3）初步具备微特电机的应用和运行能力。

能力目标

（1）能够对日常利用电器中的电动机的类别进行判别。

（2）学会单相异步电动机的常见故障维修。

（3）学会伺服等控制电机的基本控制方法。

任务 1　单相异步电动机及应用

任务目标

（1）理解单相异步电动机的工作原理。

（2）掌握单相异步电动机的分类和起动方法。

（3）能够认识日常家用电器中的单相异步电动机。

（4）掌握单相异步电动机的常见故障及解决方法。

任务描述

根据相关知识阅读，讨论其应用，并进行日常利用电器中的电动机的类别判别。

任务实施

常见电器中的单向异步电机如图 4-1 所示。

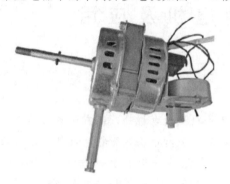

（a）壁扇电机

（b）转页扇电机

（c）电动机电机

（d）洗衣机电机

图 4-1　常见电器中的单向异步电机

知识探究

单相异步电动机也称单相感应电动机，是用单相交流电源供电的电动机。它结构简单、价格低廉、噪声小、维护方便，只使用单相交流电源。因此，在小型机械、家用电器、医疗器械、仪器仪表等方面广泛应用。如电风扇、电冰箱、洗衣机、电动工具、小水泵等。但单相异步电动机与同容量的三相异步电动机相比较，其体积较大，运行性能较差。通常单相异步电动机只做成小容量的，功率只有几瓦到几百瓦。

从构造上讲，单相异步电动机的结构也由定子和转子两部分组成。常用的单相分相式异步电动机的结构与三相异步电动机相类似，转子也是普通的笼型转子，定子有交流励磁绕组。所不同的是单相异步电动机的定子绕组只是单相交流绕组（集中绕组），而不是三相分布式绕组。单相异步电动机的运行原理与三相异步电动机类似，当定子绕组接单相交流电源时，在电机气隙中产生磁场，使转子绕组产生感应电动势和电流，从而产生电磁转矩。本节介绍单相异步电动机的工作原理、起动方法及其应用。

一、单相异步电动机的工作原理

单相异步电动机的工作绕组和起动绕组通常是按相差 90°空间电角度分布的两个

单向异步
电动机工作
原理

绕组。当电动机转速达到同步转速的 $75\%\sim80\%$ 时，起动绕组可以从电源上脱离，运行时只有一个绕组接在电源上。下面分析只有一个绕组通电及两个绕组都通电时单相异步电动机的工作原理。

1. 只有一个定子绕组通电时的机械特性

由前面章节可知，工作绕组通入单相交流电时，将在空间产生正弦分布的脉振磁通势 $\dot{F}$，一个脉振磁通势可分解成两个大小相等、转速相同、转向相反的两个圆形旋转磁通势，一个正转磁通势 $\dot{F}_+$，一个反转磁通势 $\dot{F}_-$，则 $F_+ = F_- = \dfrac{1}{2}F$。在 $\dot{F}_+$ 和 $\dot{F}_-$ 作用下，转子绕组中产生感应电流并形成电磁转矩，正向电磁转矩 T_+ 和反向电磁转矩 T_-。如果电动机在其他外力作用下旋转，转差率为 s。正、反向电磁转矩与转差率的关系 $T_+ = f_+(s)$ 和 $T_- = f_-(s)$ 所形成的转矩特性曲线是关于原点对称的。而单相异步电动机电磁转矩 $T = T_+ + T_- = f(s)$ 是这两条曲线的合成，从而构成只有一个绕组通电时的机械特性曲线，如图 4-2（a）所示。由机械特性曲线可以得出以下结论。

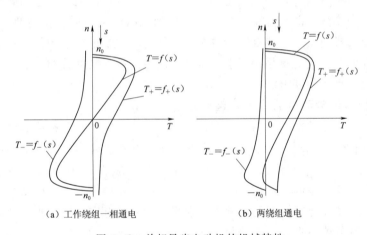

(a) 工作绕组一相通电   (b) 两绕组通电

图 4-2 单相异步电动机的机械特性

单相异步电动机工作原理

（1）当转速 $n=0$ 时，起动转矩 $T_{st}=0$。因为在转子停转时，即使电源加到定子绕组上，对应的电磁转矩 $T_{em}=T_++T_-=0$，单相异步电动机不能自行起动，所以必须采用其他措施进行起动。

（2）当电机运转时，电磁转矩的方向与转向有关，$n>0$ 时 $T>0$，$n<0$ 时 $T<0$，故电磁转矩是拖动性转矩，可以拖动负载运行，但没有固定转向。

（3）由于同时存在正、反向电磁转矩，使电动机总转矩减小，最大转矩也减小，因而单相交流电动机输出功率减小，效率较低。

（4）理想空载转速小于同步转速，单相电机比三相电机额定转差率略大些。

综上所述，单相异步电动机定子绕组如果只有一个工作绕组，则无起动转矩，运行特性也较差，所以至少在起动时单相异步电动机定子上两个绕组都要通电。

2. 两个绕组都通电时的机械特性

当单相异步电动机工作绕组和起动绕组同时接入相位不同的两相电流时，气隙中一般可以产生椭圆形旋转磁通势 $\dot{F}$，一个椭圆旋转磁通势同样可以分解成两个旋转磁通势，一个是正转磁通势 $\dot{F}_+$，另一个是反转磁通势 $\dot{F}_-$，且 $F_+ \neq F_-$。电机转子在这两个磁通势作用下所形成的电磁转矩分别为 T_+ 和 T_-，$T_+ = f_+(s)$ 为正向转矩特性，$T_- = f_-(s)$ 是反向转矩特性，$T = T_+ + T_- = f(s)$ 为电动机的机械特性。图4-2（b）画出了当 $F_+ > F_-$ 时这三条特性曲线。

从机械特性曲线可以看出，当 $F_+ > F_-$ 的情况下，$n=0$ 时 $T>0$，电动机有起动转矩，能正向起动。$n>0$ 时 $T>0$，说明正向起动后，可以继续维持正向电动运行。

当 $F_+ < F_-$ 时，为反向运行，在此不再赘述。

当定子对称的两个绕组通入的两相电流且相位相差90°时，则 $\dot{F}_-$（或 $\dot{F}_+$）$=0$，将在空间产生圆形旋转磁通势。那么单相异步电动机机械特性与三相异步电动机机械特性的情况就一样了，它所形成的起动转矩和最大转矩比椭圆形磁通势的情况要大。

通过以上分析看出，单相异步电动机的关键是起动，而能自行起动必须满足定子按空间不同电角度分布两个绕组。两个绕组中通入时间上不同相位的两相交流电流。但单相异步电动机使用的是单相交流电源，如何把工作绕组和起动绕组中的电流相位分开，即分相问题。这是单相异步电动机主要问题。按不同的分相方法，单相异步电动机有不同的类型和起动方法。

二、单相异步电动机的分类和起动方法

由于单相异步电动机的起动转矩 $T_{st}=0$，所以需用其他途径产生起动转矩。根据三相异步电动机运行原理，为了使单相异步电动机具有起动转矩，关键是如何使起动时在电机气隙中产生一个旋转磁通势（圆形的或椭圆形的）。根据定子绕组的分相起动方法和运行方式的不同，单相异步电动机分为以下几种类型。①单相电阻分相起动异步电动机；②单相电容分相起动异步电动机；③单相电容运转异步电动机；④单相电容起动与运转异步电动机；⑤单相罩极式异步电动机。

下面分别介绍各类单相异步电动机的起动及运行特性。

1. 单相电阻分相起动异步电动机

单相电阻分相起动异步电动机的两个绕组，即起动绕组和工作绕组在空间上按90°电角度分布，并联在单相交流电源上，如图4-3（a）所示。为使两个绕组电流之间有相位差，通常起动绕组导线的截面积比工作绕组小，或采用电阻率较大的导线，而匝数却比工作绕组少。这样起动绕组比工作绕组的电阻大而电抗小，接入同一电源时，起动绕组的电流比工作绕组要超前，从而产生起动转矩，如图4-3（b）所示。

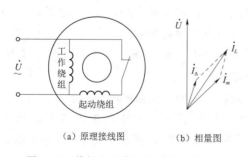

（a）原理接线图　　（b）相量图

图4-3　单相电阻分相起动异步电动机

在图4-3（a）中，起动绕组与一个

起动开关串接。起动开关的作用是当电机转速上升到同步转速的 75%～80% 时，断开起动绕组，使电动机正常运行时只有一个绕组工作。后面各类单相电动机起动开关的作用完全相同，不再说明。

此外，只要把两个绕组中任意一个接电源的两出线端对调，就可改变气隙磁通势的旋转方向，达到改变电动机转向的目的。

2. 单相电容分相起动异步电动机

单相电容分相起动异步电动机原理接线如图 4-4（a）所示，起动绕组回路串联了一个电容器和一个起动开关，然后和工作绕组并接到电源上，电容器的作用是使起动回路的阻抗呈电容性，从而使电流超前电压一个相位角，如图 4-4（b）所示。如果电容量选择合适，使起动绕组电流 $\dot{I}_a$ 超前工作绕组电流 $\dot{I}_m$ 近 90°，起动时能产生一个接近圆形的旋转磁通势，形成较大的起动转矩，而 $\dot{I}_a$ 和 $\dot{I}_m$ 的相位差较大，电动机起动电流 $\dot{I}$ 相对较小。

单相电容分相起动异步电动机，改变转向的方法和电阻分相电动机一样。

3. 单相电容运转异步电动机

将图 4-4（a）中起动开关短接，就形成单相电容运转异步电动机，如图 4-5 所示。副绕组不仅起动时起作用，电动机运转时也处于长期工作状态，单相电容运转异步电动机相当于一个两相电动机。运行时电动机气隙中旋转磁通势较强，因此具有较好的运行特性。其功率因数、效率、过载能力都比运行时单绕组通电的异步电动机要好。

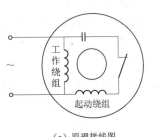 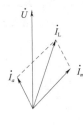

（a）原理接线图　（b）相量图

图 4-4　单相电容分相起动异步电动机

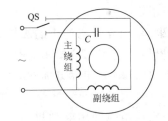

图 4-5　单相电容运转异步电动机

改变单相电容运转异步电动机的转向，可通过开关将电容器在主副绕组之间的切换来实现，也可以同单相电阻分相起动异步电动机改变转向的方法一样。

4. 单相电容起动与运转异步电动机

为了使电动机既有较好的起动性能，又有较好的运行性能，在副绕组中连接两个相互并联的电容器 C 和 C_{st}，如图 4-6 所示。C_{st} 只在起动时起作用，电动机运转后被起动开关 S 断开，电容 C 长期运行。

单相电容起动与运转异步电动机，起动转矩较大，过载能力较强，功率因数和效率较高，

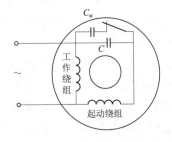

图 4-6　单相电容起动与运转异步电动机

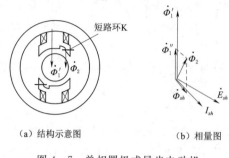

（a）结构示意图　　（b）相量图

图 4-7　单相罩极式异步电动机

噪声较小，是比较理想的单相异步电动机。

5. 单相罩极式异步电动机

单相罩极式异步电动机按定子结构有凸极式和隐极式两种，凸极式结构较为简单，应用更多些。图 4-7（a）是凸极式单相罩极式异步电动机结构示意图。其转子是普通笼型结构，定子有凸起的磁极。在每个磁极上，装有集中的工作绕组，即主绕组。在每个极靴约 1/3 处开一小槽，套入一个短路铜环 K 称短路环，把部分磁极罩起来，故称罩极式。

当工作绕组接在交流电源上，产生脉振的磁通 $\dot{\Phi}_1$，其中 $\dot{\Phi}_1'$ 是通过未被罩部分磁极的磁通，$\dot{\Phi}_1''$ 则是通过被罩部分的磁通，即 $\dot{\Phi}_1 = \dot{\Phi}_1' + \dot{\Phi}_1''$。由于 $\dot{\Phi}_1''$ 随时间交变，在短路环中产生感应电动势 $\dot{E}_{sh}$ 和电流 $\dot{I}_{sh}$。忽略铁耗时，交变的 $\dot{I}_{sh}$ 产生同相位的磁通 $\dot{\Phi}_{sh}$，则被罩部分的合成磁通为 $\dot{\Phi}_2 = \dot{\Phi}_1'' + \dot{\Phi}_{sh}$，图 4-7（b）为各相量及相互关系。由图 4-7（b）可以看出 $\dot{\Phi}_1'$ 与 $\dot{\Phi}_2$ 在时间上相差一个相位角，而在空间也有一个角度差，这样 $\dot{\Phi}_1'$ 和 $\dot{\Phi}_2$ 的合成将是一个旋转的椭圆磁场。$\dot{\Phi}_1'$ 超前 $\dot{\Phi}_2$，旋转方向按图 4-7（a）将是顺时针方向的。

由于定子磁极所罩部分是固定的，即 $\dot{\Phi}_1'$ 总是超前 $\dot{\Phi}_2$，故电动机的转向总不变。罩极电动机的起动转矩小，效率和功率因数都较低，但由于结构简单、价格低廉，应用较广泛。

三、单相异步电动机的应用

单相异步电动机在家用电器、电动工具、医疗器械等方面有着广泛的应用，现以单相电动机在家用电器方面的应用予以介绍。

1. 单相异步电动机用于家用风扇

家用风扇拖动用电动机由于风扇起动转矩较小，单方向运转，故多采用单相电容式或罩极式异步电动机拖动。电容式电动机具有起动性能好、运转可靠、效率高、运转噪声低等优点，但结构比罩极式稍复杂。罩极式电动机具有结构简单、经济耐用的优点，但起动转矩很小，耗电量较大。例如 250mm 台式电扇，风量基本相同，电容式电扇耗电为 32W，而罩极式耗电约 45W。

家用风扇的调速方法分为电抗器法和抽头法，电抗器法应用较广泛。电抗器法就是通过电抗器的不同抽头与调速开关相接，用改变电动机端电压的方法来达到调速的目的，其原理接线如图 4-8 所示。

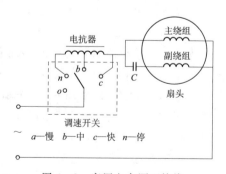

图 4-8　家用电扇原理接线

2. 波轮式洗衣机中的应用

电动机拖动洗衣机波轮、滚筒、脱水筒等部件按规定工作方式旋转，由于洗衣机波轮需正、反向运转，故多采用单相电容运转异步电动机来驱动，其电控原理接线图如图4-9所示。机械定时器的主触头 QS11、转换开关 QS2 控制强洗或弱洗，副触头 QS12 和 QS13 有不同的正反向通、断时间转换。a 点正转，b 点反转，o 点停转。

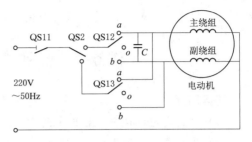

图 4-9　波轮式洗衣机电控原理接线

此外，家用冰箱压缩机、空调器、电吹风机、吸尘器等家用电器，以及手电钻、电刨电锯等电动工具，医用牙钻等医疗器械，工矿企业中的一些电动仪表、电力设备的某些操动机构等，也都广泛应用单相异步电动机作为驱动部件。

四、单相异步电动机常见故障及解决方法

1. 单相异步电动机能运转但不能自行起动

这种现象出现在电机正常接通电源的情况下，这时转子并不转，而在用手帮助起动后又能正常旋转。这说明定子主绕组是能正常工作的，问题在于起动绕组回路或短路环。

对于分相式电动机，出现这种情况，原因可能是分相电容损坏、或是离心开关损坏、或是起动绕组断路。这些都可用万用表测量，找出毛病所在处进行更换即可。

对于罩极式电动机，这种现象的出现一般的说是短路环断路引起的，拆开电动机把短路环修好即可。

2. 单相异步电动机既不能自行起动也不能在手工助动后运转

这种现象出现在电动机正常接通电源的情况下转子不转，在用手帮助起动后也不能正常旋转。这说明定子主绕组断路，或者主绕组断路再加上起动绕组回路断路。

首先切断电源，并断开主绕组和起动绕组回路间的连接，然后测量主绕组的阻值，证明是主绕组断路后把它修好即可连线通电，一般情况下电动机均应正常工作。若电动机能运转但仍不能自行起动，可参照分相式电动机的方法修复起动绕组回路即可。

3. 吊扇电动机转速变慢

当吊扇电动机出现起动转矩变小、转速变低、风量很小时，一般是电动机内部绕组出现故障，可用万用表测量定子绕组电压的办法查出故障位置。

(1) 定子绕组匝间短路检查方法：抽出电动机的转子后，把定子绕组接头上的绝缘套管拆掉，再将定子绕组通入 70V 左右的电源电压。用万用表的交流电压挡测量定子绕组的每一个线圈，如果每只线圈的电压都相等，说明定子绕组匝间没有短路。如有的线圈电压低了，说明定子绕组有短路，引起转速变低，应更换之。

(2) 转子笼形绕组断条检查方法：在排除了定子绕组匝间短路故障后，如转速还是低可进一步检查转子笼形绕组。具体方法为装进转子，使其不能转动，定子绕组接线同上，但所通电源电压为 220V（只能短时通电），再用万用表的交流电压挡测量定子绕组的各个线圈。如测出某个线圈的电压升高了，说明该处转子绕组的铜条内层已

经脱焊或断条。切断电源后，只需把脱焊处重焊即可使转速恢复正常。

任务2 测速发电机及应用

任务目标

（1）理解直流测速发电机的原理。

（2）了解直流测速发电机的应用。

任务描述

根据相关知识阅读，讨论其应用。

任务实施

直流测速发电机如图4-10所示。

测速发电机

知识探究

一、直流测速发电机的原理

直流测速发电机是一种微型直流发电机，其作用是把拖动系统的旋转角速度转变为电压信号。广泛用于自动控制、测量技术和计算技术。直流测速发电机的结构与直流

图4-10 直流测速发电机

伺服电动机基本相同。若按定子磁极的励磁方式来分，直流测速发电机有电磁式和永磁式两种。永磁式直流测速发电机具有结构简单，不需励磁电源，使用方便，温度对磁场影响小等优点，因此应用广泛。直流测速发电机的电枢也与伺服电动机基本一致，有普通有槽电枢、无槽电枢、圆盘电枢等。

直流测速发电机包括永磁式和电磁式两大类。其中，电磁式直流测速发电机采用他励式结构。

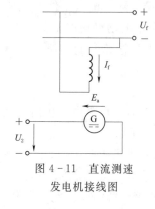

图4-11 直流测速发电机接线图

图4-11给出了直流测速发电机接线图。很显然，其工作原理与一般他励直流发电机相同。由励磁绕组通电产生恒定磁场，电枢绕组在外力拖动下切割磁力线感应电势 E_a 其大小为

$$E_a = C_e \Phi n \qquad (4-1)$$

空载时，直流测速发电机的输出电压与空载电势 E_a 相等，即 $U_{20} = E_0$。因此，输出电压与转速成正比。

负载后，若负载电阻为 R_L 则正、负电刷两端的输出电压为

$$U_2 = E_a - R_a I_a = E_a - R_a \frac{U_2}{R_L}$$

将式（4-1）代入上式，并整理得

$$U_2 = \frac{C_e \Phi}{1 + \dfrac{R_a}{R_L}} n = C_n \qquad (4-2)$$

上式表明，若 Φ、R_a 和 R_L 不变，则输出电压 U_2 与转速成正比。

根据式（4-2）便可以绘出一定负载电阻（R_L＝常数）下直流测速发电机的输出特性曲线 $U_2 = f(n)$，如图 4-12 所示。图中，负载电阻越小，输出电压越低。

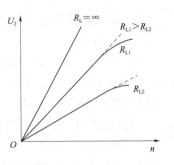

图 4-12 直流测速发电机的输出特性

事实上，随着负载电阻的减低，电枢电流加大，电枢反应的去磁作用将增大，尤其在高速时，最终造成输出电压与转速之间不再满足线性关系。为了减小电枢反应的去磁作用，电磁式直流测速发电机的定子侧通常安装补偿绕组。

从信号转换角度看，直流测速发电机与直流伺服电动机是一对互为可逆的电机。直流伺服电动机将直流电压信号转变为转速信号，而直流测速发电机则将速度信号转变为直流电压信号。

二、直流测速发电机的应用

直流测速发电机是一种重要的机电元件，广泛用于自动控制系统、随动系统和计算单元。这里简要介绍它的基本应用。

直流测速发电机作控制系统中的测速元件应用很普遍，能直接测出拖动电动机和执行机构的转速，以便进行速度控制和速度显示。

系统中，直流电动机直接拖动生产机械旋转，由电动机的机械特性可知，在某一机械特性上，生产机械的负载转矩增大，电动机的转速将下降，生产机械的负载转矩减小时，电动机的转速将升高，即转速随负载转矩的波动而变化。为了稳定拖动系统的转速，这里在电动机和生产机械的同一轴上安装了一台测速发电机，并将测速发动机的输出电压送至系统输入控制端，与给定电压相减后，差值电压再加入到放大器，经放大后控制晶闸管整流电路的输出电压，以调整直流电动机的转速。当负载转矩由于某种因素影响而减小时，电动机的转速升高，测速发电机的输出电压也随之升高，使给定电压与测速发电机的输出电压之差减小，经放大后控制可整流电路，使整流输出电压降低，则直流电动机的转速下降，以抵消负载引起的转速上升。反之，若负载转矩增大，使电动机转速下降，测速发电机的输出电压随之减小，给定电压与测速发电机的差值增大，经放大后控制整流输出电压升高，则电动机的转速上升。因此，不论负载转矩如何波动，在本系统中由于具有自动调节作用，生产机械的转速变化很小，接近于恒速。要人为改变生产机械的转速，只需改变给定电压的大小即可，系统中给定电压要求很稳定，必须取自稳压电源。

在自动控制系统中，为了检测被控制对象的运动状态，往往需要把机械旋转速度或角度变为对应的电信号。实现这种要求的控制电机为测速发电机。

测速发电机通常分为两大类，一类是直流测速发电机，另一类是交流测速发电机。而交流测速发电机又分为同步和异步测速发电机两种。同步测速发电机，由于输出电压频率随转速而改变，不适用于自动控制系统，通常交流测速发电机就是指异步测速发电机。本节介绍应用日益广泛的空心杯转子交流异步测速发电机。

三、交流测速发电机的结构和工作原理

1. 基本结构

空心杯转子交流测速发电机定子上有两相互相垂直的分布绕组，其中一相为励磁绕组，另一相为输出绕组。转子为空心杯结构，用高电阻率的硅锰青铜或铝锌青铜制成，是非磁性材料，壁厚 0.2～0.3mm。杯子里还有一个由硅钢片叠制而成的定子，称为内定子，起导磁作用，减小磁路的磁阻。图 4-13 为空心杯转子异步测速发电机结构。

2. 基本原理

设测速发电机励磁绕组轴线为 d 轴，输出绕组的轴线为 q 轴。工作时，励磁绕组接单相交流电源，电压为 $\dot{U}_1$、频率为 f，在 d 轴方向将产生脉振磁场，如图 4-14 所示。

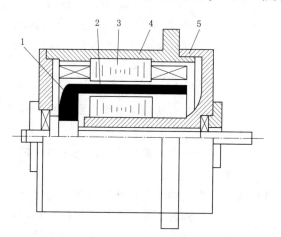

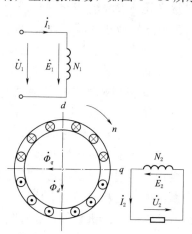

图 4-13　空心杯转子异步测速发电机结构
1—空心杯转子；2—内定子；3—定子；4—机壳；5—端盖

图 4-14　空心杯转子异步测速发电机原理接线

当转子不动时，d 轴脉振磁通在转子中产生感应电动势称为变压器电动势。空心杯转子是闭合的回路，将形成转子电流，此电流所产生的磁场也是 d 轴方向，与励磁绕组的磁场合成为 d 轴的磁通 $\dot{\Phi}_d$。q 轴和 d 轴相互垂直，此时 q 轴磁场为零，输出绕组感应电动势为零。即转子转速为零，输出电压也为零。

当转子旋转时，即转速 $n \neq 0$ 且逆时针旋转，转子切割 d 轴磁通 $\dot{\Phi}_d$ 产生感应电动势称为切割电动势 $\dot{E}_v$，按右手定则切割电动势的方向如图 4-14 所示。空心杯转子可看成无数根并联的导体，轴向长度一定，根据电磁感应定律推出

$$E_v \propto \Phi_d n \tag{4-3}$$

忽略励磁绕组漏阻抗时，若 U_1 不变，Φ_d 为一常数，则

$$E_v \propto n$$

在 $\dot{E}_v$ 的作用下，转子将产生电流 $\dot{I}_q$。由于空心杯转子材料具有高电阻率，可忽略其漏抗，$\dot{I}_q$ 与 $\dot{E}_v$ 近似同相位、同方向。在 q 轴方向形成磁通势，并产生 q 轴交变磁通 $\dot{\Phi}_q$，该磁通与输出绕组交链，产生感应电动势 $\dot{E}_2$，且有

112

$$E_2 \propto \Phi_q \propto I_q \propto E_v \propto n$$

当磁路不饱和且忽略输出绕组漏阻抗时，输出电压

$$U_2 \approx E_2 \propto n \tag{4-4}$$

又由于磁场感应电动势、电流的交变频率都与励磁绕组所接电源的频率 f 相同，故测速发电机转子旋转时，其定子输出电压 U_2 是与交流电源同频率、大小与转子转速 n 成正比的交流电压。转子反转时，输出电压相位也相反。

四、交流测速发电机的输出特性及主要技术指标

1. 输出特性

交流测速发电机的输出特性是指当励磁电压额定的条件下。输出电压 U_2 与转子转速 n 之间的关系。测速发电机在正常运行过程中，要求其输出电压与转速具有线性比例关系，如图 4-15 中曲线 1 所示为理想输出特性曲线。但实际测速发电机的输出特性会受到以下几方面因素的影响。

（1）负载变化的影响。测速发电机在正常工作时，希望输出电压仅是转速的函数。不受负载变化的影响，但由于励磁绕组和输出绕组存在漏阻抗，当负载变化时，漏阻抗压降变化，引起输出电压大小和相位的变化。同时由式（4-3）可知，输出电压与转速呈线性关系必须是 Φ_d 为一恒定值时。实际上 Φ_d 是由励磁电流和转子电流共同产生的，即使励磁电压 U_1＝常数，Φ_d 也会随负载的变化略有变化，则输出电压与转速之间就不是严格的线性关系，从而产生线性误差，如图 4-15 中曲线 2 所示。

（2）剩余电压的影响。测速发电机运行时，要求零转速，零输出。但实际上，在额定励磁电压条件下，当转速为零时，输出电压并不为零，而有微小的电压，这个电压值称为剩余电压。形成剩余电压主要有两个原因。一是励磁绕组和输出绕组轴线不绝对垂直，或磁路不对称、气隙不均匀等原因，即使转速为零，输出绕组中也由于变压器作用而存在感应电动势；另一个原因是由于加工不精，使内外定子铁心呈椭圆形或转子杯形不规则、材料不均匀，从而气隙磁场扭斜、励磁绕组和输出绕组间有电磁耦合而产生变压器电动势。此外，磁路饱和引起高次谐波感应等也是造成剩余电压的原因。

考虑负载影响及剩余电压的影响，交流测速发电机的输出特性曲线如图 4-16 所示。

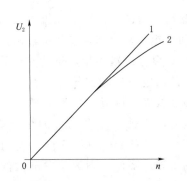

图 4-15　交流测速发电机输出特性
1—理想特性；2—非理想特性

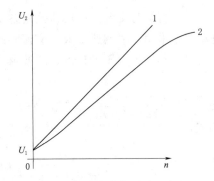

图 4-16　剩余电压对交流测速发电机
输出特性的影响

113

2. 主要技术指标

在自动控制系统中，为了体现交流测速发电机的精度及运行特性，其主要技术指标有线性误差 $\Delta\delta_x\%$、相位误差 $\Delta\varphi$、输出斜率和剩余电压等。

（1）线性误差 $\Delta\delta_x\%$ 和相位误差 $\Delta\varphi$。线性误差是指实际输出电压与线性输出电压的最大差值对最大线性输出电压的比值。

测速发电机按线性误差大致可分两大类。$\Delta\delta_x\%>2\%$ 的一般用作自动控制系统的校正元件，而 $\Delta\delta_x\%$ 较小的用作计算元件。目前高精度的异步测速发电机 $\Delta\delta_x\%<0.05\%$。

相位误差是指在规定的工作转速范围内，输出电压和励磁电压之间最大超前和滞后的相位差的绝对值之和。

负载大小及性质不同，引起的误差也不同。为了减小误差，可设法减小定子漏阻抗，增大转子电阻。一般采用增加转子电阻的办法，即采用高阻材料制成空心杯形转子。同时增大负载阻抗。一般交流测速机的负载阻抗不小于 $100\text{k}\Omega$，提高电源频率。以增加同步转速。减小相对转速，励磁电源频率大多采用 400Hz。

（2）剩余电压和输出斜率。前面已经定义了剩余电压，剩余电压越小、精度越高。交流测速发电机的剩余电压，一般为几十毫伏左右。精密的Ⅰ级品要求剩余电压小于 25mV。Ⅱ级品则要求小于 75mV。选用均匀的导磁材料，提高加工精度，不使磁路饱和是降低剩余电压的主要办法。

输出斜率，又称灵敏度，也是测速发电机的一个技术指标。它是指在额定励磁电压条件下，单位转速所产生的输出电压，单位是 $\text{V}/(\text{kr}/\text{min})$。

五、交流测速发电机的应用

交流测速发电机主要有两方面的应用。一是在自动控制系统中作检测元件，起校正的作用，以提高系统的精度和稳定性，实现自动调节；二是在计算装置作计算元件，进行微分或积分运算。

作计算元件用时，应着重考虑线性误差要小、精度要高的测速发电机。线性误差一般要求不大于 $0.05\%\sim0.1\%$。而作检测和校正元件时，则考虑其输出斜率要大，即灵敏度要高，对线性误差不宜提出过高的要求。

1. 在自动控制系统中的应用

图 4-17 所示为交流调速反馈控制系统原理接线图。图中执行电动机为三相交流异步电动机，采用变频调速方式。交流测速发电机与电动机同轴相连，将转速信号变为电压信号，其输出电压经整流、滤波及分压后反馈到系统输入端，与反映电动机转速的给定电压相比较，两者之差即偏差经放大、调节后作为变频器的控制信号，实现异步电动机的变频调速。若由于负载变化等因素的影响而使电动机转速降低，则测速发电机输出电压也随之降低，与给定电压偏差增大，变频器控制电压升高，最终使电动机转速升高，而达到稳定转速的目的。

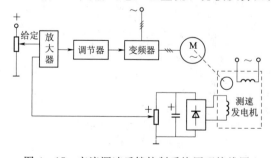

图 4-17 交流调速反馈控制系统原理接线图

测速发电机在此起检测系统转速的作用。

此外，在位置控制系统中，测速发电机作校正元件，由于其转速是角度的微分，把输出电压作为速度信号，反馈到放大器形成微分负反馈，起增大阻尼的作用，以提高位置控制系统的动态品质。

2. 在计算装置中作计算元件

如图 4-18 所示为交流测速发电机用作积分运算的原理接线图，图中执行电动机与测速发电机同轴连接，并通过减速装置带动电位器转动。设 U_1 为输入电压，U_2 为电位器的输出电压且与转角 θ 成正比，则有如下关系：

$$U_2 = K_1 \theta$$

$$\theta = K_2 \int n \, \mathrm{d}t$$

$$U_f = K_3 n$$

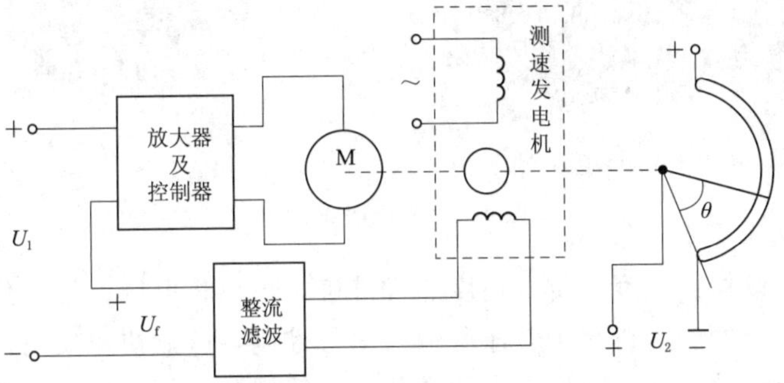

图 4-18　交流测速发电机用作积分运算的原理接线图

其中 K_1、K_2、K_3 均为比例系数。故有

$$U_2 = K_1 K_2 \int n \, \mathrm{d}t = \frac{K_1 K_2}{K_3} \int U_f \, \mathrm{d}t$$

若放大器的增益足够大，其输入偏差信号很小，可忽略不计。则有

$$U_1 \approx U_f$$

$$U_2 = \frac{K_1 K_2}{K_3} \int U_1 \, \mathrm{d}t$$

即输出电压与输入电压为积分关系。为保证计算精度，测速发电机的线性误差要小。

任务3　伺服电动机及应用

任务目标

(1) 了解伺服电动机的概念。

(2) 理解直流伺服电动机的机械特性和调节特性。

(3) 掌握交流伺服电动机的控制方式与运行特性。

（4）了解力矩电动机的分类及结构。

任务描述

进行相关知识阅读；讨论伺服电动机的分类和结构以及其特性；了解力矩电动机的分类及结构。

任务实施

伺服电机是指在伺服系统中控制机械元件运转的发动机，是一种补助马达间接变速装置（图 4 - 19）。

图 4 - 19 伺服电动机

伺服电机可以控制速度，位置精度非常准确，可以将电压信号转化为转矩和转速以驱动控制对象。伺服电机转子转速受输入信号控制，并能快速反应，在自动控制系统中，用作执行元件，且具有机电时间常数小、线性度高等特性，可把所收到的电信号转换成电动机轴上的角位移或角速度输出。分为直流和交流伺服电动机两大类，其主要特点是，当信号电压为零时无自转现象，转速随着转矩的增加而匀速下降。

知识探索

伺服电动机是一种把输入控制信号转变为角位移或角速度输出的电动机。亦即这种电动机的转子受控于控制信号。当有控制信号输入时，转子转动；控制信号的大小和方向改变时，转子的转速与转向改变；一旦控制信号消失，转子则立即停转。上述特点即称为"伺服（servo）"功能，伺服电动机由此而得名。

在电力拖动系统中，伺服电动机是以执行结构的身份出现的。因此，伺服电动机又称为执行电动机。

按照电力拖动系统的要求，伺服电动机应具有良好的可控性、运行的稳定性和快速响应能力。良好的可控性是指控制信号不存在时转子无自转现象；运行的稳定性则要求伺服电动机应具有下降的机械特性；而快速响应则是指，当有控制信号存在时，伺服电动机应快速起动。一旦控制信号消失，伺服电动机应自行制动并迅速停车。

根据供电电源和电机类型的不同，伺服电动机可分为两大类：直流伺服电动机和交流伺服电动机。

随着微处理器技术、电力电子技术以及电机控制理论的发展，许多新型伺服电动机不断问世，如直流无刷伺服电动机、交流永磁同步伺服电动机等。本节仅对传统的直流伺服电动机和两相交流伺服电动机进行简要的讨论。

伺服电动机

此外，考虑到适合于低速运行的力矩电动机也属于伺服电动机的范畴，为此本节也将对其进行简要的介绍。

一、直流伺服电动机

与直流电动机相同，直流伺服电动机主要包括两大类：一类是电磁式直流伺服电动机，其结构和工作原理与他励直流电动机无本质上的区别；另一类是永磁式直流伺服电动机，其转子磁极采用永久磁铁。

一般来讲，直流伺服电动机主要采用两种控制方式。一种是电枢控制，顾名思义，它是通过改变电枢电压实现对转子转速的大小和转向的控制；另一种是磁场控制，这种方式是通过改变励磁电压（主要针对电磁式伺服电动机）来实现对转子转速大小和转向的控制。电枢控制的优点是，其机械特性和调节特性的线性度较好，控制回路的电感小，系统响应迅速。所以，直流伺服电动机多采用电枢控制方式。

下面就电枢控制方式下直流伺服电动机的机械特性和调节特性作一简单介绍。

电枢控制是将定子绕组作为励磁绕组并由电枢绕组作为控制绕组的一种控制方式。

在电枢控制过程中，设控制电压为 U_c，主磁通 Φ 保持不变，忽略电枢反应，则直流伺服电动机的机械特性为

$$n = \frac{U_c}{C_e\Phi} - \frac{R_a}{C_e C_T \Phi^2} T_{em} = n_0 - \beta T_{em} \qquad (4-5)$$

根据上式，便可以分别获得直流伺服电动机的机械特性和调节特性。

1. 机械特性

同他励直流电动机一样，直流伺服电动机的机械特性定义为：一定控制电压下，转子转速与电磁转矩之间的关系曲线 $n = f(T_{em})$。

根据式（4-5）绘出不同控制电压 U_c 下的机械特性如图 4-20 所示。由图可见，直流伺服电动机的机械特性为一组平行的直线。随着控制电压 U_c 的增加，直线的斜率 β 保持不变，机械特性向上平移。所以，直流伺服电动机可以获得较为理想的机械特性。

2. 调节特性

直流伺服电动机的调节特性是指：在负载转矩保持不变的条件下，转子转速 n 与控制电压 U_c 之间的关系曲线 $n = f(U_c)$。

根据式（4-5）便可绘出不同负载转矩下的调节特性如图 4-21 所示。由图可见，直流伺服电动机的调节特性也是一组平行的直线，其与横坐标的交点为一定负载转矩下电动机的始动电压 U_{c0}。它表示，在一定负载下只有控制电压超过始动电压，转子才开始转动。由此可见，对于一定大小的负载，直流伺服电动机存在着死区（或失灵区），死区的大小与负载转矩成正比。应该讲，直流伺服电动机的调节特性调节特性是比较理想的。

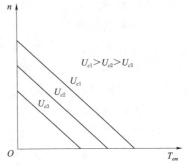

图 4-20　直流伺服电动机的机械特性

二、交流伺服电动机

交流伺服电动机一般采用类似于两相异步电动机的结构，其定子两相绕组空间互成 $90°$ 电角度。一相绕组作为励磁绕组，直接接至单相交流电源 U_f 上；另一相作为控制绕组，其输入电压为 U_c。

交流伺服
电动机

1. 对交流伺服电动机的特殊要求

与普通的两相异步电动机不同，交流伺服电动机对其特性有特殊要求，主要体现在两个方面：①机械特性应为线性；②控制信号消失后无"自转"现象。现分别说明如下。

（1）线性的机械特性。普通异步电动机的机械特性如图 4-22 中的曲线 1 所示。很显然，在整个电动机运行范围内，其机械特性不是转矩的单值函数，且其只能在转差率 $s=0\sim s_m(s_m\approx 0.1\sim 0.2)$ 范围内稳定运行。作为驱动用途的电动机，这一特性是合适的。但作为伺服电动机，则要求机械特性必须是单值函数并尽量具有线性特性，以确保在整个调速范围内稳定运行。为满足这一要求，通常的做法是，加大转子电阻，以使得产生最大电磁转矩时的转差率 $s_m\geq 1$。加大转子电阻后，异步电动机的机械特性如图 4-22 中的曲线 2 所示。显然，电动机的机械特性在整个调速范围（$0\sim n_1$）内接近线性，稳定运行范围也扩展为零至额定转速。

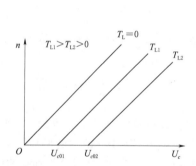

图 4-21　直流伺服电动机的调节特性　　图 4-22　普通异步电动机的机械特性

一般情况下，转子电阻越大机械特性越接近直线，但堵转转矩和最大输出功率也越小，效率越低。故此，伺服电动机的效率较一般驱动用途的异步电动机低。

（2）控制信号消失后无"自转"现象。无"自转"现象是伺服电动机的另一特殊要求。所谓"无自转"是指控制电压消失后，电动机能够自行制动，转子不再转动。否则，意味着伺服电动机失控。一般对驱动用途的电动机并无这一要求，但对伺服电动机必须满足这一特殊要求。

事实上，加大转子电阻，除了满足线性化机械特性的要求外，还可以同时满足防止"自转"的要求。

图 4-23（a）给出了普通驱动异步电动机一相绕组通电时的机械特性，此时转子电阻较小。图 4-23（b）给出了两相绕组交流伺服电动机一相通电（即控制电压为零）时的机械特性，此时转子电阻较大。由图 4-23（a）可见，对于普通两相异步电

动机，一旦转子运转后，即使一相绕组从电源断开（相当于控制电压为零），在 $0 < n \leq n_1$ 范围内，由于 $T_{em+} > T_{em-}$，$T_{em} > 0$，电动机仍然存在合成电磁转矩，转子将继续沿原边向旋转。但对于交流伺服电动机则不同［图 4-23（b）］，由于转子电阻加大，转子运转后，若控制电压消失、定子仅一相绕组通电，在 $0 < n \leq n_1$ 范围内 $T_{em+} < T_{em-}$，$T_{em} < 0$，电动机的合成电磁转矩为负值。电磁转矩起到制动作用，从而使转子迅速降速，直到转子停车。一旦停车，合成电磁转矩也随着为零，避免了"自转"现象的发生。

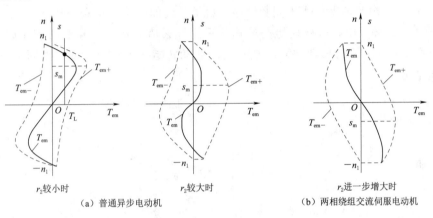

（a）普通异步电动机　　　（b）两相绕组交流伺服电动机

图 4-23　两相交流异步电动机一相供电时的机械特性

综上所述，与一般异步电动机相比，两相交流伺服电动机的转子电阻较大，因而其机械特性在整个调速范围内接近线性，且一相绕组通电（即控制电压为零）时无"自转"现象发生。

2. 控制方式与运行特性

对于交流伺服电动机，一般情况下其励磁绕组的电压保持不变，通过分别改变控制绕组外加电压的幅值、相位或同时调整幅值和相位便可达到控制转子转速大小和方向的目的。在交流伺服系统中，以上三种控制方式分别被称为：幅值控制、相位控制以及幅-相控制。下面就这三种控制方式下的机械特性和调节特性分别介绍如下。

（1）幅值控制时的运行特性。采用幅值控制时，交流伺服电动机的接线如图 4-24 所示。图中，励磁绕组 f 直接接至交流电源上，其电压 $\dot{U}_f$ 为额定值。控制绕组的外加电压为 $\dot{U}_c$，$\dot{U}_c$ 在时间上滞后于 $\dot{U}_f$ 90°，且保持不变，仅其幅值可以调节。$\dot{U}_c$ 的幅值可以表示为 $U_c = \alpha U_{cN}$，其中，α 为控制电压的标幺值，其基值为控制绕组的额定电压 U_{cN}。在交流伺服系统中，α 又称为有效信号系数。

当励磁绕组与控制绕组的外加电压均达到各自额定电压值时，控制绕组和励磁绕组的磁势幅值应相等。此时，有效信号系数 $\alpha = 1$，相应的气隙合成

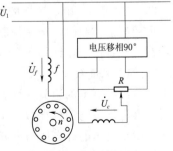

图 4-24　交流伺服电动机幅值控制时的接线图

119

磁势为圆形旋转磁势。

当 $\alpha = 0$ 时，控制绕组的外加电压 $U_c = 0$。此时，交流伺服电动机仅励磁绕组一相供电，相应的气隙合成磁势为脉振磁势。

当 $0 < \alpha < 1$ 时，意味着控制绕组和励磁绕组的磁势幅值不相等，相应的气隙合成磁势为椭圆形旋转磁势。椭圆形旋转磁势可以等效为正向和反向圆形旋转磁势的叠加。

与单相异步电动机两相绕组通电时的情况相同，若正向和反向圆形旋转磁势各自分别产生电磁转矩 T_{em+} 和 T_{em-}，则单相异步电动机所产生的总电磁转矩为 $T_{em} = T_{em+} + T_{em-}$。由此获得 α 为不同数值时的机械特性如图 4 - 25（a）所示。

图 4 - 25（a）中，电磁转矩与转速均采用标幺值表示。其基值的选取如下：取 $\alpha = 1$（即对应于圆形旋转磁势）时电动机的起动转矩作为转矩基值；以同步速 n_1 作为转速基值。

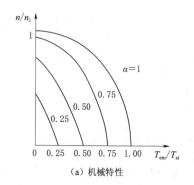
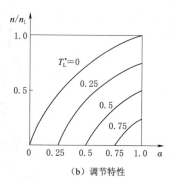

（a）机械特性　　　　　　　　　（b）调节特性

图 4 - 25　交流伺服电动机幅值控制时的机械特性与调节特性

当 $\alpha = 1$ 时，负序旋转磁势为零，$T_{em-} = 0$，$T_{em} = T_{em+}$ 为最大，理想空载转速为同步速 n_1；当 $0 < \alpha < 1$ 时，正序圆形旋转磁势减小，T_{em+} 减小，而负序圆形旋转磁势增大，伺服电动机的合成电磁转矩为 $T_{em} = T_{em+} - T_{em-}$。显然，此时的合成电磁转矩要比 $\alpha = 1$ 时小。由于 T_{em-} 的存在，导致理想空载转速小于同步速 n_1。显然，α 越小，即两相不对称程度越大，正序圆形旋转磁势就会越小，负序圆形旋转磁势则越大，最终导致合成电磁转矩减小，理想空载转速下降。

当 $\alpha = 0$ 时，正、负序圆形旋转磁势的幅值相等，调节特性如图 4 - 25（b）所示。此时，很显然，调节特性曲线经过坐标原点，且不在第 I 象限。

图 4 - 25（a）中，转矩的标幺值等于 α，且由于电抗的存在机械特性不是直线。

采用幅值控制时，交流伺服电动机的调节特性可以通过机械特性获得。具体方法是：在机械特性上作许多平行于纵轴的直线，从而获得一定转矩下转速与控制电压 U_c 之间的关系曲线 $n = f(U_c)$ 即调节特性，如图 4 - 25（b）所示。不同的曲线对应于不同负载转矩下的调节特性。

与直流伺服电动机类似，调节特性与横坐标轴交点的值即为始动电压的标幺值。显然，始动电压的标幺值与 α 相同，且负载转矩越大，始动电压越大。

需要说明的是，交流伺服电动机的额定功率通常规定为 $\alpha = 1$ 时的最大输出功率，相应的转速即为额定转速，对应的输出转矩为额定转矩。这与一般电动机的规定有所不同。

（2）相位控制时的运行特性。采用相位控制时，交流伺服电动机的接线如图 4－26 所示。图中，励磁绕组 f 仍直接接至交流电源上，并保持额定值不变。保持控制绕组外加电压 $\dot{U}_c$ 的幅值为额定值不变，仅通过改变控制绕组与励磁绕组之间的相位差来调节转子转速。通常，$\dot{U}_c$ 滞后于 $\dot{U}_f\beta$ 电角度，一般 $\beta=0°\sim90°$。相应的 $\sin\beta$ 即为相位控制时的信号系数。

采用相位控制时，交流伺服电动机的机械特性如图 4－27（a）所示。很显然，当 $\beta=90°$（即 $\sin\beta=1$）时，相应的气隙合成磁势为圆形旋转磁势，此时，合成电磁转矩最大；当 $\beta=0°$（即

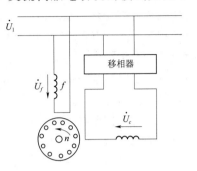

图 4－26　交流伺服电动机相位控制时的接线图

$\sin\beta=0$）时，相应的气隙合成磁势为脉振磁势，此时，正、反向旋转磁势的幅值相等，伺服电动机的机械特性不在第 I 象限。因转子电阻较大，其合成电磁转矩为制动性的；当 $0°<\beta<90°$（即 $0<\sin\beta<1$）时，气隙合成磁势为椭圆形旋转磁势，相应的合成电磁转矩取决于椭圆度。$\sin\beta$ 越低，椭圆度越大，制动性电磁转矩 T_{em-} 越大。最终，合成电磁转矩 T_{em} 越小，且理想空载转速越低。

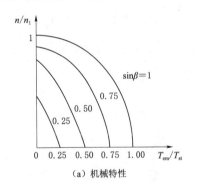

（a）机械特性

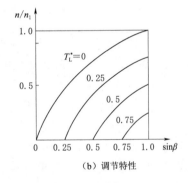

（b）调节特性

图 4－27　交流伺服电动机相位控制时的机械特性与调节特性

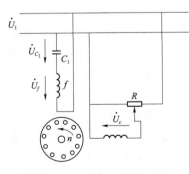

图 4－28　交流伺服电动机幅-相控制时的接线图

当将控制电压的相位改变 $180°$ 即 $\dot{U}_c$ 超前 $\dot{U}_f$ 时，气隙合成磁势反向，相应的转子反向。

至于交流伺服电动机采用相位控制时的调节特性，同样可由相应的机械特性获得，如图 4－27（b）所示。

（3）幅-相控制时的运行特性。采用幅-相控制时，交流伺服电动机的接线如图 4－28 所示。图中，励磁绕组经电容串联后接至交流电源上。控制绕组的外加电压 $\dot{U}_c$ 的频率和相位与电源相同，但其幅值可以调整。

交流伺服电动机采用幅-相控制时的机械特性如图 4-29（a）所示。与电容分相式单相异步电动机相同，由于交流伺服电动机起动和运行时转差率的不同，导致气隙合成磁势发生变化。起动时，当电压信号系数为 $\alpha_0=1$ 时，励磁绕组与控制绕组中的电流相等、相位互差 90°，因而相应的气隙合成磁势为圆形旋转磁势。运行后，气隙合成磁势变为椭圆形旋转磁势，导致理想空载转速 $n_0<n_1$。同时，与起动时相比，由于运行后励磁绕组的电流减低，导致励磁绕组的励磁电压有所提高，所产生的电磁转矩将有所增大。

至于交流伺服电动机采用幅-相控制时的调节特性，同样可以由相应的机械特性获得，如图 4-29（b）所示。

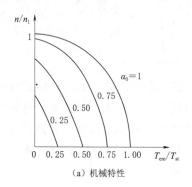
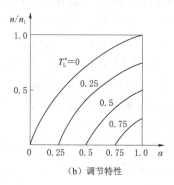

(a) 机械特性　　　　　　　　　　(b) 调节特性

图 4-29　交流伺服电动机幅-相控制时的机械特性与调节特性

以上三种控制方式中，以相位控制时的线性度为最好，幅-相控制时的线性度最差。但幅-相控制时的输出功率较大，故采用较多。

三、力矩电动机

力矩电动机是一种低速、大力矩电动机。它可以不经过齿轮等减速机构直接驱动负载低速运行，且负载的转速受控于输入的控制电压信号。因此，力矩电动机可以看做是一种综合伺服电动机与驱动电动机功能的特殊电机。

力矩电动机具有响应快、转矩与转速波动小、能在低速场合下长期稳定运行、机械特性和调节特性的线性度好等优点，特别适用于需要高精度的伺服系统。在位置伺服系统中，这种电机可以长时间工作在堵转状态；而在速度伺服系统中，这种电机可以工作在低速、大力矩状态。

按供电电源的性质不同，力矩电动机可分为直流力矩电动机和交流力矩电动机两大类，其工作原理与相应的伺服电动机基本相同，只不过在结构和外型尺寸上有所差异。为了减小转动惯量，一般伺服电动机大都采用细长的圆柱形结构；而力矩电动机为了能在相同体积和电枢电压下获得较大的转矩和较低的转速，通常做成扁平式结构。其电枢长度与直径之比一般为 0.2 左右，而且电机的极数较多。

图 4-30 给出了永磁式直流力矩电动机的结构示意图。图中，定子 2 由永久磁铁镶嵌于定子磁极构成，外部由铜环 1 固定。转子铁心 6 由导磁冲片叠压而成，转子槽中放有电枢绕组 4，槽楔 5 由铜板制成，兼作换向片。电刷 3 装在刷架上，可根据需要调整位置。

对于直流力矩电动机，需要特别注意的几个指标有：连续堵转转矩、连续堵转电流、峰值转矩以及峰值电流。其中，连续堵转转矩是指电机处于长时间堵转，温升不超过允许值时所输出的最大堵转转矩，相应的电流为连续堵转电流。而峰值转矩则是指，为防止电枢电流过大造成永久磁铁去磁，所对应的最大堵转转矩，相应的电枢电流为峰值电流。

至于交流力矩电动机，其控制信号为交流，工作原理与两相交流伺服电动机相同。只不过其极数较多，外形呈扁平状。限于篇幅，这里就不再赘述。

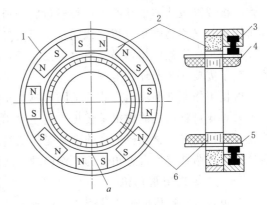

图 4-30 永磁式直流力矩电动机的结构示意图
1—铜环；2—定子；3—电刷；4—电枢绕组；
5—槽楔兼换向片；6—转子

任务4 自整角机及应用

任务目标

（1）了解自整角机的概念。

（2）掌握力矩式自整角机的特性。

（3）掌握控制式自整角机的特性。

任务描述

进行相关知识阅读；讨论自整角机的分类和结构以及其特性；了解力矩电动机的分类及结构。

任务实施

自整角机是利用自整步特性将转角变为交流电压或由交流电压变为转角的感应式微型电机，在伺服系统中被用作测量角度的位移传感器。自整角机还可用以实现角度信号的远距离传输、变换、接收和指示。两台或多台电机通过电路的联系，使机械上互不相连的两根或多根转轴自动地保持相同的转角变化，或同步旋转。电机的这种性能称为自整步特性。在伺服系统中，产生信号一方所用的自整角机称为发送机，接收信号一方所用自整角机称为接收机。自整角机广泛应用于冶金、航海等位置和方位同步指示系统和火炮、雷达等伺服系统中。

自整角机的
工作原理

知识探究

自整角机是一种对角位移偏差具有自整步能力的控制电机。一般情况下，自整角机是成对使用的，一台作为发送机使用，另一台作为接收机使用。其任务是首先由发送机将转角转换为电信号，然后再由接收机将电信号转变为转角或电信号输出，从而实现角度的远距离传输或转换。

从结构上看，自整角机是一台两极电机。通常，转子采用单相交流励磁绕组，嵌入到凸极或隐极式转子铁心中，并通过转子滑环和电刷引出。而定子则采用三相对称分布绕组，又称为整步绕组（或同步绕组）。三相整步绕组接成星形（Y 接），并通过出线端引出。当然单相励磁绕组也可以置于定子侧，而三相整步绕组置于转子侧，但此时转子需要三个滑环和电刷。

根据工作原理和输出方式的不同，自整角机可分为力矩式和控制式自整角机两大类。力矩式自整角机的输出是转角，它主要用于带动指针、刻度盘等轻负载转角指示系统；而控制式自整角机输出的则是电压信号，从而实现角度到电压信号的转换。下面分别就这两种类型自整角机的工作原理、运行特性作一简单介绍。

一、力矩式自整角机

力矩式自整角机的接线如图 4-31 所示。两台自整角机中，一台作发送机使用，另一台作接收机使用，且两台自整角机的结构和参数完全相同。正常工作时，两台自整角机的励磁绕组均接到同一交流电源上，而三相整步绕组则按照相序依次联系在一起。

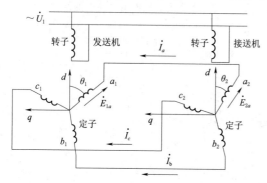

图 4-31 力矩式自整角机接线图

分别取 a_1、a_2 相整步绕组轴线与转子励磁绕组轴线之间的夹角作为两台转子的位置角，如图 4-31 中的 θ_1 和 θ_2 所示。两自整角机转子之间的位置角偏差称为失调角 θ，即 $\theta = \theta_1 - \theta_2$。

当失调角 θ 为零（即两台自整角机转子位置角相同）时，在转子单相交流脉振磁势的作用下，两台自整角机的整步绕组中将各自感应电势。由于参数和接线方式完全相同，两套整步绕组中所感应的线电势相等且相互抵消，导致各相整步绕组中的定子电流（又称为均衡电流）为零，相应的电磁转矩为零，两台自整角机将处于静止状态，此时转子的位置称为协调位置。

当发送机转子在外力作用下逆时针旋转一个角度 θ（相当于整步绕组顺时针转过 θ 角）（图 4-31）后，两自整角机转子之间的位置角 θ_1 和 θ_2 将不再相等，而是存在一个失调角 θ。此时，发送机和接收机整步绕组中所感应的线电势将不再相等，两绕组之间便有均衡电流流过。均衡电流与两转子励磁绕组所建立的磁场相互作用便产生电磁转矩（又称为整步转矩）。整步转矩力图使失调角 θ 趋向于零。由于发送机转子与主令轴相接，不能任意转动，因此，整步转矩只能使接收机转子跟随发送机转子转过 θ 角，从而使两转子的转角又保持一致。最终，整步转矩为零，系统进入新的协调位置。上述过程定量分析如下。

假定：①气隙磁密按正弦分布；②忽略铁心饱和和整步绕组磁势对励磁磁势的影响。

当发送机和接收机转子之间的位置角分别为 θ_1 和 θ_2 不等时，转子励磁磁场在定子各整步绕组内所感应变压器电势的有效值分别由下列式子给出：
对于发送机

$$\begin{cases} E_{1a} = E\cos\theta_1 \\ E_{1b} = E\cos(\theta_1 - 120°) \\ E_{1c} = E\cos(\theta_1 + 120°) \end{cases} \tag{4-6}$$

对于接收机

$$\begin{cases} E_{2a} = E\cos\theta_2 \\ E_{2b} = E\cos(\theta_2 - 120°) \\ E_{2c} = E\cos(\theta_2 + 120°) \end{cases} \tag{4-7}$$

式中，每相绕组所感应电势有效值的最大值为 $E = 4.44 f N_1 k_{w1} \Phi_m$，其中 $N_1 k_{w1}$ 整步绕组每相的有效匝数。

考虑到发送机和接收机均为星形连接的三相对称绕组，因此，各相回路的合成电势可分别表示为

$$\begin{cases} \Delta E_a = E_{2a} - E_{1a} = 2E\sin\dfrac{\theta_1 + \theta_2}{2}\sin\dfrac{\theta}{2} \\ \Delta E_b = E_{2b} - E_{1b} = 2E\sin\left(\dfrac{\theta_1 + \theta_2}{2} - 120°\right)\sin\dfrac{\theta}{2} \\ \Delta E_c = E_{2c} - E_{1c} = 2E\sin\left(\dfrac{\theta_1 + \theta_2}{2} + 120°\right)\sin\dfrac{\theta}{2} \end{cases} \tag{4-8}$$

设整步绕组每相的等效阻抗为 Z_a，则定子各相绕组中的均衡电流为

$$\begin{cases} I_a = \dfrac{\Delta E_a}{2Z_a} = \dfrac{E}{Z_a}\sin\dfrac{\theta_1 + \theta_2}{2}\sin\dfrac{\theta}{2} \\ I_b = \dfrac{\Delta E_b}{2Z_a} = \dfrac{E}{Z_a}\sin\left(\dfrac{\theta_1 + \theta_2}{2} - 120°\right)\sin\dfrac{\theta}{2} \\ I_c = \dfrac{\Delta E_c}{2Z_a} = \dfrac{E}{Z_a}\sin\left(\dfrac{\theta_1 + \theta_2}{2} + 120°\right)\sin\dfrac{\theta}{2} \end{cases} \tag{4-9}$$

式（4-9）中的均衡电流与转子励磁绕组所建立的磁场相互作用必然产生整步转矩。

为了方便整步转矩的计算，可将整步绕组中的三相电流按投影分解到直轴（或 d 轴）和交轴（或 q 轴）上，即完成所谓的三相 abc 坐标系到静止 dqO 坐标系变量的变换。其中，d 轴代表转子励磁绕组的轴线；q 轴则表示与 d 轴垂直且沿逆时针方向前移 90° 的轴线。于是，三相整步绕组的电流在 d 轴和 q 轴上的分量分别如下。

对于发送机

$$\begin{cases} I_{1d} = I_a\cos\theta_1 + I_b\cos(\theta_1 - 120°) + I_c\cos(\theta_1 + 120°) = -\dfrac{3}{4}\dfrac{E}{Z_a}(1 - \cos\theta) \\ I_{1q} = I_a\sin\theta_1 + I_b\sin(\theta_1 - 120°) + I_c\sin(\theta_1 + 120°) = -\dfrac{3}{4}\dfrac{E}{Z_a}\sin\theta \end{cases}$$

$$\tag{4-10}$$

对于接收机，考虑到它在三相整步绕组中的电流与发送机大小相同，流向相反，因此，其三相整步绕组电流在 d 轴和 q 轴上的分量分别为

$$\begin{cases} I_{2d}=-I_a\cos\theta_2-I_b\cos(\theta_2-120°)-I_c\cos(\theta_2+120°)=-\dfrac{3}{4}\dfrac{E}{Z_a}(1-\cos\theta) \\[3mm] I_{2q}=-I_a\sin\theta_2-I_b\sin(\theta_2-120°)-I_c\sin(\theta_2+120°)=\dfrac{3}{4}\dfrac{E}{Z_a}\sin\theta \end{cases}$$

$$(4-11)$$

由于磁势正比于电流，于是根据式（4-10）和式（4-11）中的电流分量便可求得三相整步绕组所产生的定子合成磁势在 d 轴和 q 轴上的分量 F_d 和 F_q 的大小并分析其性质。

由式（4-10）和式（4-11）不难看出，无论是发送机还是接收机，在直轴方向上的磁势分量均为负值，表明整步绕组在直轴方向上的磁势为去磁性质。假定失调角 θ 较小，则 I_{1d}、I_{2d} 以及相应的直轴磁势较小，可以忽略不计；而交轴方向上的磁势分量对于发送机和接收机来讲，其大小相等，方向相反。

根据定子电流直轴和交轴分量的大小［见式（4-10）、式（4-11）］以及转子的励磁磁势便可求出失调角为 θ 时力矩式自整角机整步转矩的大小。图 4-32 给出了转子交轴、直轴磁场与定子交轴、直轴电流相互作用所产生电磁转矩的示意图。图 4-32 中，规定沿直轴（d 轴）和交轴（q 轴）正方向的磁势（或电流）为正，并取逆时针方向的转子转角和转矩为正。

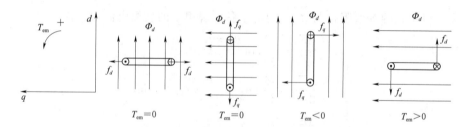

图 4-32 d、q 轴磁场与 d、q 轴电流相互作用所产生的电磁转矩

由图 4-32 可见，只有直轴磁通 Φ_d 与交轴电流 I_q 或交轴磁通 Φ_q 与直轴电流 I_d 相互作用才能产生有效的电磁转矩。鉴于直轴磁势（或电流）较小，可以忽略不计，而转子励磁磁通主要集中在 d 轴上，即 $\Phi_d=\Phi_m$，因此整步转矩的大小可由下式给出：

$$T_{em}\propto\Phi_d I_q=\Phi_m I_q$$

将式（4-12）或式（4-13）代入上式，并考虑到图 4-32 中的转矩方向，便可求得发送机和接收机的整步转矩分别为

$$T_{em1}=-C_1\Phi_m\left(-\frac{3}{4}\frac{E}{Z_a}\sin\theta\right)=T_m\sin\theta \tag{4-12}$$

$$T_{em2}=-C_1\Phi_m\frac{3}{4}\frac{E}{Z_a}\sin\theta=-T_m\sin\theta=-T_{em1} \tag{4-13}$$

式（4-12）和式（4-13）中的符号表明，发送机整步绕组所产生的整步转矩为逆时针方向，而接收机所产生的整步转矩为顺时针方向。考虑到整步绕组位于定子

侧，所以作用到转子轴上的实际整步转矩方向分别与上式相反。即当发送机转子在外力作用下逆时针旋转一个角度 θ 后，发送机转子上所产生的整步转矩为顺时针方向，倾向于保持转子原来的位置。而接收机转子上所产生的整步转矩为逆时针方向，驱使转子逆时针转过角度 θ 从而使两转子的转角一致，即 $\theta=0$。最终，整步转矩为零，系统进入新的协调位置。

根据式（4-12）绘出静态整步转矩与失调角 θ 之间的关系曲线如图 4-33 所示。其中，当失调角 $\theta=1°$ 时的整步转矩称为比整步转矩（或比转矩）。比整步转矩 T_θ 反映了自整角机的整步能力和精度。

二、控制式自整角机

控制式自整角机的作用是将发送机转子轴上的转角转换为接收机转子绕组上的电压信号，其接线如图 4-34 所示。与力矩式自整角机不同的是，接收机的转子绕组不再作为励磁绕组与交流电源相接，而是作为电压信号的输出端。在发送机定子绕组感应电势的作用下，接收机定子绕组中便有电流流过并产生磁势和磁通。所产生的磁通与接收机的转子绕组相匹联，并在接收机转子绕组中感应电势，最终输出电压。显然，接收机实际上是处于变压器运行状态，故控制式自整角机系统中的接收机又称为自整角变压器。

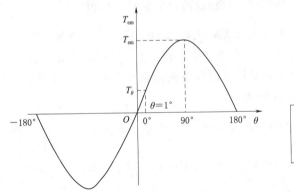

图 4-33　自整角机的静态整步转矩特性

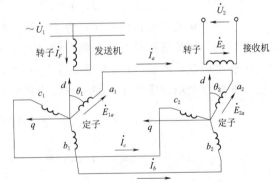

图 4-34　控制式自整角机的工作原理图

在自整角变压器中，取转子绕组轴线与 a_2 相整步绕组轴线垂直的位置作为基准电气零位。此时，相应的失调角为零，两转子处于协调位置，自整角变压器输出电压为零。

若将发送机转子相对于整步绕组逆时针方向转过一个转角 θ_1（相当于整步绕组顺时针转过 θ_1 角）（图 4-34），自整角变压器转子将从基准零位逆时针方向转过一个转角 θ_2（相当于整步绕组顺时针转过 θ_2 角），则相应的失调角为 $\theta=\theta_1-\theta_2$，如图 4-34 所示。在发送机转子励磁绕组的磁势和磁场作用下，各相整步绕组中将感应变压器电势，其有效值分别为

$$\begin{cases} E_{1a}=E\cos\theta_1 \\ E_{1b}=E\cos(\theta_1-120°) \\ E_{1c}=E\cos(\theta_1+120°) \end{cases} \quad (4-14)$$

设发送机整步绕组中每相的等效电抗为 Z_{1a}，而自整角变压器整步绕组中每相的等效电抗为 Z_{2a}，则各整步绕组回路中的电流有效值分别为

$$\begin{cases} I_a = \dfrac{E_{1a}}{Z_{1a}+Z_{2a}} = \dfrac{E}{Z_{1a}+Z_{2a}}\cos\theta_1 \\[2mm] I_b = \dfrac{E_{1b}}{Z_{1a}+Z_{2a}} = \dfrac{E}{Z_{1a}+Z_{2a}}\cos(\theta_1-120°) \\[2mm] I_c = \dfrac{E_{1c}}{Z_{1a}+Z_{2a}} = \dfrac{E}{Z_{1a}+Z_{2a}}\cos(\theta_1+120°) \end{cases} \tag{4-15}$$

对于自整角变压器，考虑到其三相整步绕组中的电流与发送机中的电流大小相同，方向相反（图4-35），因此每相整步绕组所产生基波磁势的幅值分别为

$$\begin{cases} F_{2a} = 0.9\,\dfrac{N_2 k_{w2} I_a}{p} = F_\phi\cos\theta_1 \\[2mm] F_{2b} = 0.9\,\dfrac{N_2 k_{w2} I_b}{p} = F_\phi\cos(\theta_1-120°) \\[2mm] F_{2c} = 0.9\,\dfrac{N_2 k_{w2} I_c}{p} = F_\phi\cos(\theta_1+120°) \end{cases} \tag{4-16}$$

式中 $F_\phi = 0.9\,\dfrac{N_2 k_{w2}}{p} = \dfrac{E}{(Z_{1a}+Z_{2a})}$ ——整步绕组每相基波磁势的最大幅值。

同力矩式自整角机一样，为了方便自整角变压器输出电压的计算，通常将整步绕组中的各相磁势按投影分解到直轴（或 d 轴）和交轴（或 q 轴）上。其中，d 轴代表转子励磁绕组的轴线；q 轴则表示与 d 轴垂直且沿逆时针方向前移 $90°$ 的轴线。于是，三相整步绕组的磁势在 d 轴和 q 轴上的分量分别为

$$\begin{cases} F_{2d} = F_{2a}\cos\theta_2 + F_{2b}\cos(\theta_2-120°) + F_{2c}\cos(\theta_2+120°) = \dfrac{3}{2}F_\phi\cos\theta \\[2mm] F_{2q} = F_{2a}\sin\theta_2 + F_{2b}\sin(\theta_2-120°) + F_{2c}\sin(\theta_2+120°) = \dfrac{3}{2}F_\phi\sin\theta \end{cases} \tag{4-17}$$

于是，整步绕组合成磁势的幅值为

$$F_2 = \sqrt{F_{2d}^2 + F_{2q}^2} = \frac{3}{2}F_\phi \tag{4-18}$$

合成磁势与 d 轴之间的夹角

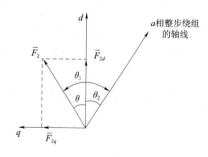

图 4-35 自整角变压器整步绕组合成磁势的空间位置

$$\beta = \arctan\frac{F_{2q}}{F_{2d}} = \theta \tag{4-19}$$

上式表明，自整角变压器三相整步绕组合成磁势 F_2 的大小固定，其空间位置则位于沿逆时针方向与 d 轴（即转子励磁绕组轴线）成 θ 角（失调角）的位置，如图4-35所示。

由于发送机和自整角变压器是采用完全相同的两台自整角机来实现的，因此其内部整步绕组的空间位置完全对应（即 a_2 相整步绕组的轴线与

a_1 相整步绕组相同）。考虑到这一因素并结合图 4-35，可以看出，自整角变压器三相整步绕组合成磁势 F_2 的空间位置总是与发送机转子的实际空间位置相一致。

对于自整角变压器，由于其输出绕组的轴线与 q 轴的方向一致，因此，q 轴脉振磁势在输出绕组中的感应电势为

$$E_2 = 4.44 f N_2 k_{w2} \Phi_{2q} \tag{4-20}$$

其中，交轴脉振磁势与输出绕组所匝链的磁通可由下式给出：

$$\Phi_{2q} = F_{2q} \Lambda_q = \frac{3}{2} F_\phi \Lambda_q \sin\theta \tag{4-21}$$

结合式（4-20）和式（4-21），便可求出自整角变压器空载时的输出电压为

$$U_{20} = E_2 = 4.44 f N_2 k_{w2} \frac{3}{2} F_\phi \Lambda_q \sin\theta = U_{2m} \sin\theta \tag{4-22}$$

根据上式绘出自整角变压器输出电压与失调角 θ 之间的关系曲线如图 4-36 所示。

图 4-36 中，当失调角 $\theta = 1°$ 时的输出电压称为比电压。比电压 U_θ 越大，系统工作越灵敏。

控制式自整角机可以与伺服电机一起组成随动系统，如图 4-37 所示。当主令轴的转角 θ_1 与随动轴转角 θ_2 不相等时，自整角机因离开协调位置而产生失调角 θ。此时，自整角变压器的转子绕组将输出与 $\sin\theta$ 成正比的电压。该电压经放大器放大后输入至伺服电动机的控制绕组。在控制电压的作用下，伺服电动机的转角带动机械负载和自整角变压器同轴转动，直至 θ 等于零为止。最终，自整角变压器的转

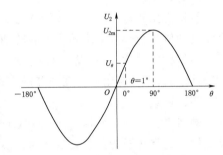

图 4-36 自整角变压器的输出特性

角将与发送机的转子转角相等，控制式自整角机系统又重新进入新的协调位置。若主令轴连续旋转，则随动轴也将带动机械负载一起同步旋转。

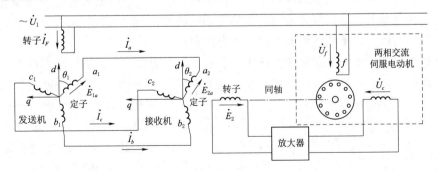

图 4-37 由控制式自整角机和伺服电机组成的随动系统

实际上，控制式自整角机的接收机（或自整角变压器）与力矩式自整角机的接收机是同一种电机的两种可逆运行方式。在力矩式自整角机中，发送机的转子绕组通过单相电源输入电压信号通过定子绕组的电气连接将发送机的转角信号传递至接收机，

由接收机输出转角信号。此时，接收机相当于工作在电动机运行状态；而在控制式自整角机中，接收机的转子绕组开路，通过定子绕组的电气连接将发送机的转角信号转变为接收机转子绕组的电压输出。此时，接收机相当于工作在发电机运行状态。

任务 5 旋转变压器及应用

任务目标
（1）了解旋转变压器的概念及分类。
（2）理解旋转变压器的电路原理图。
（3）掌握旋转变压器的工作原理。
（4）了解旋转变压器的应用。

任务描述
进行相关知识阅读，讨论旋转变压器概念及分类，分析旋转变压器的电路原理图和工作原理；了解旋转变压器的应用。

任务实施
旋转变压器是一种电磁式传感器，又称同步分解器。它是一种测量角度用的小型交流电动机，用来测量旋转物体的转轴角位移和角速度，由定子和转子组成。其中定子绕组作为变压器的原边，接受励磁电压，励磁频率通常用 400 Hz、3000 Hz 及 5000 Hz 等。转子绕组作为变压器的副边，通过电磁耦合得到感应电压。

知识探索

旋转变压器

顾名思义，旋转变压器（revolving transformer）是一种可以旋转的变压器或控制电机，它将转子转角按一定规律转换为电压信号输出。

旋转变压器的种类很多，按照有无电刷旋转变压器可分为有刷旋转变压器和无刷旋转变压器两大类；按照输出电压与转子转角之间的关系，旋转变压器可分为正-余弦旋转变压器和线性旋转变压器等。

有刷旋转变压器的电路原理如图 4-38 所示。结构上，有刷式旋转变压器与两相绕组式异步电动机类似，其定子和转子均采用空间互差 90°的两相对称正弦分布绕组，极数一般为两极，转子绕组则通过滑环和电刷引出。

无刷旋转变压器的电路原理如图 4-39 所示。由图可见，无刷旋转变压器是由两部分组成的。其中，一部分称为解算器（或分解器）（resolver），它是由两相空间互成 90°的定子绕组和一相转子励磁绕组组成；另一部分为旋转变压器，其一次侧绕组固定在定子上，由高频交流信号励磁（励磁频率一般为几千赫至十千赫）。二次侧绕组位于转子上，与转子一同旋转。由二次侧绕组为解算器的转子励磁绕组提

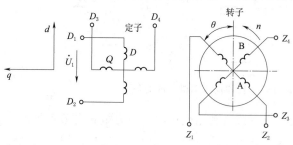

图 4-38 有刷旋转变压器的电路原理图

130

供旋转励磁。通过解算器的两相定子绕组分别输出与转子角度的正、余弦成正比的电压信号。由于旋转变压器的二次侧绕组与解算器的转子励磁绕组相对静止，因而实现了无刷结构。

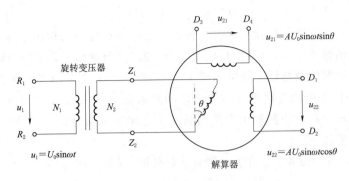

图 4 - 39　无刷旋转变压器的电路原理图

值得说明的是，对于无刷旋转变压器，其输入与输出端口可以颠倒，亦即解算器的两相定子绕组可以作为励磁输入绕组而解算器的转子绕组作为输出。将其与旋转变压器的二次侧绕组相连。这样，旋转变压器一次侧的定子绕组便作为最终的输出绕组。换句话说，无刷旋转变压器的输入与输出端口是可逆的。

旋转变压器被广泛应用于伺服系统中的位置检测以及自动控制系统中的三角函数运算或角度传输中。下面以有刷旋转变压器为例，讨论旋转变压器的工作原理、负载后的补偿等问题。

旋转变压器的工作原理

考虑到正-余弦旋转变压器和线性旋转变压器的工作原理略有不同，故分别介绍如下。

1. 正-余弦旋转变压器

正-余弦旋转变压器因两个转子绕组的输出电压分别为转子转角 θ 的正、余弦函数而得名，其原理图如图 4 - 40 所示。图中 D_1D_2 和 D_3D_4 为定子上的两个空间互差 90°电角度的正弦绕组，分别用 D 和 Q 来表示。Z_1Z_2 和 Z_3Z_4 为转子上的两个空间互差 90°电角度的正弦绕组，分别用 A 和 B 来表示。D、Q 绕组的轴线分别用 d 轴、q 轴表示。取转子 A 绕组与 d 轴重合时的位置为转子的起始位置，并规定转子沿逆时针偏离 d 轴的角度 θ 为正。

一旦定子励磁绕组 D 外加交流电压 $\dot{U}_1$ 绕组内便产生励磁电流，并在 d 轴上建立脉振磁势。当 θ 为任意值时，由于气隙磁通 $\dot{\Phi}_m$ 与 A、B 两相绕组所匝链的磁通分别为 $\Phi_m\cos\theta$ 和 $\Phi_m\sin\theta$，因此在励磁绕组 D、转子 A 和 B 绕组中所感应电势的有效值分别为

$$\begin{cases} E_D = 4.44 f N_s k_{ws} \Phi_m \\ E_{rA} = 4.44 f N_r k_{wr} \Phi_m \cos\theta = k E_D \cos\theta \\ E_{rA} = 4.44 f N_r k_{wr} \Phi_m \sin\theta = k E_D \sin\theta \end{cases} \tag{4-23}$$

式中　N_s、N_r——定、转子绕组的有效匝数；

$k = N_r k_{wr} / N_s k_{ws}$——定、转子绕组的有效匝数比。

当转子 A、B 两相绕组空载时,其输出电压分别为

$$\begin{cases} U_A = E_{rA} = kE_D\cos\theta \\ U_B = E_{rB} = E_{rA}\sin\theta \end{cases} \qquad (4-24)$$

上式表明,当旋转变压器空载时,转子 A、B 两相绕组的输出电压分别与转角 θ 的余弦和正弦函数成正比,相应的 A、B 两相绕组又分别称为余弦绕组和正弦绕组。

当旋转变压器的余弦输出绕组 A 中接入负载 Z_L、而正弦绕组仍保持空载时(图 4-40),则由于 A 中的负载电流将产生感应的脉振磁势 $\overline{F}_A$,导致气隙磁场发生畸变,使得转子 A、B 两相绕组的输出电压与转角 θ 之间不再满足式(4-24)中的正、余弦关系。现分析如下。

根据图 4-40,转子磁势 $\overline{F}_A$ 可沿 d 轴和 q 轴分解为如下两个分量

$$\begin{cases} F_{Ad} = F_A\cos\theta \\ F_{Aq} = F_A\sin\theta \end{cases} \qquad (4-25)$$

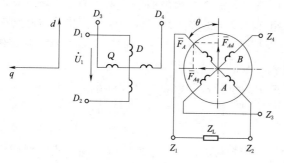

图 4-40 负载后的正-余弦旋转变压器

其中,转子磁势 $\overline{F}_{Ad}$ 相当于 d 轴变压器的副边磁势,而定子侧 D 绕组的励磁磁势 $\overline{F}_s$ 相当于原边磁势。根据变压器理论,$\overline{F}_{Ad}$ 的出现使定子 D 绕组的电流增大,对气隙磁场基本无影响;转子磁势 $\overline{F}_{Aq}$ 则不同,由于定子 Q 绕组中本来无励磁电流,因而 $\overline{F}_{Aq}$ 的作用相当于交轴励磁磁势。$\overline{F}_{Aq}$ 要在气隙中建立新的脉振磁场,它所产生的磁通最大值为

$$\Phi_{qm} = A_q F_A\sin\theta \qquad (4-26)$$

式中 A_q——q 轴磁路的磁导。

$\overline{F}_{Aq}$ 所产生的 q 轴磁通 Φ_{qm} 与转子 A、B 两相绕组所匝链的磁通分别为 $\Phi_{qm}\sin\theta$ 和 $\Phi_{qm}\cos\theta$。它们 A、B 两相绕组中所感应电势的有效值分别为

$$\begin{cases} E_{Aq} = 4.44fN_r k_{wr}\Phi_{qm}\sin\theta \\ E_{Bq} = 4.44fN_r k_{wr}\Phi_{qm}\cos\theta \end{cases} \qquad (4-27)$$

将式(4-26)代入上式得

$$\begin{cases} E_{Aq} = 4.44fN_r k_{wr}A_q F_A\sin^2\theta = K\sin^2\theta \\ E_{Bq} = 4.44fN_r k_{wr}A_q F_A\sin\theta\cos\theta = K\sin\theta\cos\theta \end{cases} \qquad (4-28)$$

式中 $K = 4.44fN_r k_{wr}A_q F_A$——常数。

上式表明,旋转变压器负载后,由于转子磁势 $\overline{F}_A$ 的作用,导致转子 A、B 两相绕组中所感应的电势中多出两项:$\dot{E}_{Aq}$ 和 $\dot{E}_{Bq}$。鉴于这两项电势的大小皆不是转角 θ 的余弦和正弦函数,因此,当将其分别与空载时的电势 $\dot{E}_{rA}$ 和 $\dot{E}_{rB}$ 叠加时,A、B 两

相绕组的输出电压与转角 θ 之间的余弦或正弦关系遭到破坏。负载电流越大，对输出电压的影响越严重。

为了消除输出电压的畸变，负载时必须设法对 q 轴上的磁势予以补偿。补偿可以在定子侧或转子侧进行，也可以在定、转子两侧同时进行。图 4-41 给出了一种将定子绕组 D_3D_4 短接的定子侧补偿方案。由于 q 轴方向上相当于一台副边短路的变压器，其主磁通 $\varPhi_{qm}$ 很小，因而抑制了转子磁势 $\overline{F}_{Aq}$ 对输出电压的影响。

2. 线性旋转变压器

顾名思义输出电压与转子转角 θ 之间呈线性关系的旋转变压器称为线性旋转变压器。图 4-42 给出了线性旋转变压器的接线图。其中，定子励磁绕组 D 与转子绕组 A 串联后接至交流电源上，定子绕组 Q 短接。转子绕组 B 作为输出绕组，其负载为 Z_L。

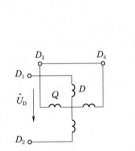
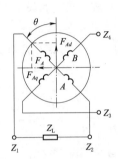

图 4-41 带有定子侧补偿的
正-余弦旋转变压器

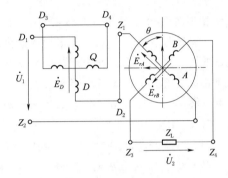

图 4-42 线性旋转变压器
的接线图

当转子逆时针转过 θ 角时，由于定子绕组 Q 的补偿作用，转子绕组 B 中的负载电流所产生的磁势对气隙磁场的影响较小。气隙磁通主要是由定子励磁绕组 D 所产生的直轴磁通 $\dot{\varPhi}_m$。它在励磁绕组 D、转子 A 和 B 绕组中所感应电势的有效值分别为 $\dot{E}_s$、$\dot{E}_{rA}$ 和 $\dot{E}_{rB}$，其有效值与式（4-23）相同。根据图 4-42 所假定的正方向，于是有

$$\dot{U}_1=(\dot{E}_D+\dot{E}_{rA})=(\dot{E}_D+k\dot{E}_D\cos\theta) \tag{4-29}$$

当负载阻抗 Z_L 较大时，输出电压为

$$\dot{U}_2\approx\dot{E}_{rB}=k\dot{E}_D\sin\theta \tag{4-30}$$

将式（4-29）代入式（4-30）得

$$U_2=\frac{k\sin\theta}{1+k\cos\theta}U_1 \tag{4-31}$$

根据上式绘出输出电压与转子转角之间的特性曲线如图 4-43 所示。图中，取 $k\approx0.52$。由图 4-43 可见，当 $-60°\leqslant\theta\leqslant60°$ 时，输出电压 U_2 与转角 θ 之间基本上满足线性关系。

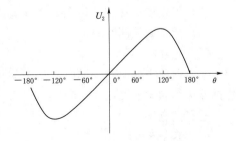

图 4-43 线性旋转变压器的输出电压与
转子转角之间的特性曲线（$k=0.52$）

项目五 三相异步电动机基本控制电路

项目概述

从专业角度讲，低压电器主要指用于对电路进行接通、分断，对电路参数进行变换，以实现对电路或用电设备的控制、调节、切换、检测和保护等作用的电工装置、设备和元件。用于交流电压 1200V 以下、直流电压 1500V 以下的电路，起通断、保护和控制作用的电器称为低压电器。低压电器的用途广泛，功能多样，目前正沿着体积小、重量轻、安全可靠、使用方便的方向发展，大力发展电子化的新型控制电器，如接近开关、光电开关、电子式时间继电器、固态继电器与接触器等以适应控制系统迅速电子化的需要。具备低压电器的应用能力，是从事配电系统、电力拖动自动控制系统、用电设备安装、运行与维护等相关岗位的能力要求之一。本项目按五个任务实施。

教学目标

（1）了解常用低压电器的结构、分类及工作原理。

（2）掌握常用低压电器的选用、安装与使用方法。

（3）掌握常用低压电器的测试方法。

技能要求

（1）具备常用低压电器的类型识别和结构特点分析能力。

（2）具备常用低压电器的选用、安装与使用能力。

（3）具备拆装和测试常用低压电器能力。

任务1 常用低压电器

任务目标

（1）了解电磁式继电器的结构和原理。

（2）能正确识读和绘制电磁式继电器的电气符号。

（3）能正确选择和使用电磁式继电器。

（4）能正确检测时间继电器。

任务描述

学生课前查阅电磁式继电器相关知识，课上对照实物进行结构原理、应用范围、选择方法等知识的交流讨论和检测训练。

任务实施

一、现场教学

（一）电磁式继电器

电磁式继电器如图 5-1 所示。

（a）电流继电器

（b）电压继电器

（c）时间继电器

图 5-1　电磁式继电器

低压电器的
分类

（二）非电磁式继电器

常用非电磁式继电器如图 5-2 所示。

（a）热继电器　　　　　　　　　　　　（b）速度继电器

图 5-2　常用非电磁式继电器

（三）接触器

接触器如图 5-3 所示。

图 5-3　接触器

（四）熔断器

熔断器如图5-4所示。

图5-4 熔断器

（五）主令电器

主令电器如图5-5所示。

（a）控制按钮

（b）行程开关

（c）万能转换开关

图5-5 主令电器

（六）低压开关

低压开关如图5-6所示。

（a）负荷开关

图5-6（一） 低压开关

（b）低压断路器

图 5-6（二） 低压开关

通过对各种常用低压电器结构原理、应用范围、选择方法等知识的交流讨论，完成现场教学信息表填写（表 5-1~表 5-6）。

表 5-1　　　　　　　　　　　电磁学继电器现场教学信息

类型	任务实施内容	记　录　内　容	知识应用	扣分
电流 继电 器 （5分）	类型及应用范围 （1分）			
	基本结构及作用 （1分）			
	选择方法 （1分）			
	型号及说明 （1分）			
	铭牌主要参数 （1分）			
电压 继电 器 （5分）	类型及应用范围 （1分）			
	基本结构及作用 （1分）			
	选择方法 （1分）			
	型号及说明 （1分）			
	铭牌主要参数 （1分）			
时间 继电 器 （5分）	类型及应用范围 （1分）			
	基本结构及作用 （1分）			
	选择方法 （1分）			
	型号及说明 （1分）			
	铭牌主要参数 （1分）			
合计得分				

表 5 - 2　　　　　　　　　　　　　　非电磁性继电器现场教学信息

类型	任务实施内容	记 录 内 容	知识应用	扣分
热继电器 (5分)	类型及应用范围 (1分)			
	基本结构及作用 (1分)			
	选择方法 (1分)			
	型号及说明 (1分)			
	铭牌主要参数 (1分)			
速度继电器 (5分)	类型及应用范围 (1分)			
	基本结构及作用 (1分)			
	选择方法 (1分)			
	型号及说明 (1分)			
	铭牌主要参数 (1分)			
合计得分				

表 5 - 3　　　　　　　　　　　　　　接触器现场教学信息

任务实施内容	记 录 内 容	知识应用	扣分
接触器类型及应用范围 (4分)			
接触器基本结构及作用 (4分)			
接触器选择方法 (4分)			
接触器型号及说明 (4分)			
接触器铭牌主要参数 (4分)			
合计得分			

表5-4　　　　　　　　　　　　　　熔断器现场教学信息

任务实施内容	记　录　内　容	知识应用	扣分
熔断器类型及应用范围 （4分）			
熔断器基本结构及作用 （4分）			
熔断器选择方法 （4分）			
熔断器型号及说明 （4分）			
熔断器铭牌主要参数 （4分）			
合计得分			

表5-5　　　　　　　　　　　　　　主令电器现场教学信息

类型	任务实施内容	记　录　内　容	知识应用	扣分
控制按钮 （5分）	类型及应用范围 （1分）			
	基本结构及作用 （1分）			
	选择方法 （1分）			
	型号及说明 （1分）			
	铭牌主要参数 （1分）			
行程开关 （5分）	类型及应用范围 （1分）			
	基本结构及作用 （1分）			
	选择方法 （1分）			
	型号及说明 （1分）			
	铭牌主要参数 （1分）			
万能转换开关 （5分）	类型及应用范围 （1分）			
	基本结构及作用 （1分）			
	选择方法 （1分）			
	型号及说明 （1分）			
	铭牌主要参数 （1分）			
合计得分				

表 5－6　　　　　　　　　　　　　低压开关现场教学信息

类型	任务实施内容	记 录 内 容	知识应用	扣分
负荷开关（5分）	类型及应用范围（1分）			
	基本结构及作用（1分）			
	选择方法（1分）			
	型号及说明（1分）			
	铭牌主要参数（1分）			
低压断路器（5分）	类型及应用范围（1分）			
	基本结构及作用（1分）			
	选择方法（1分）			
	型号及说明（1分）			
	铭牌主要参数（1分）			
合计得分				

二、技能训练

（一）电磁性继电器

1. 认识常用的时间继电器

根据时间继电器的实物，写出对应的型号。

2. 时间继电器的测试步骤

（1）切断继电控制线路电源，在用试电笔或万用表电压挡测量确认无电后，拆除时间继电器的连接导线。

（2）用万用表的欧姆挡检测时间继电器线圈的直流电阻值，观察线圈电阻值是否正常。

（3）用万用表电阻挡检测时间继电器的常开、常闭触点在初始状态下的通断情况是否正常。如果是空气阻尼式的，可以用手按下电磁结构或动作指示按钮使触点动作，再用万用表电阻挡检查触点状态是否转换。

（4）如果以上测试正常，则恢复时间继电器线圈两端的接线。通电前应根据线路要求确定时间继电器的时间整定电流，整定时间调节旋钮至整定值。

（5）根据线圈电压等级接通控制电压，用万用表电阻挡检测时间继电器的常开、

140

常闭触点在通电状态下的触点通断情况是否正常。

（二）非电磁式继电器

1. 认识常用的热继电器

根据热继电器的实物，写出对应的型号。

2. 热继电器的测试步骤

（1）切断热继电器控制线路电源，在用试电笔或万用表电压挡测量确认无电后，拆除热继电器主回路上口连接导线和常闭触点的任一端连接导线。

（2）用万用表的欧姆挡检查热元件上下口通断情况是否正常。

（3）用万用表欧姆挡检查热继电器常闭触点在初始状态下的通断情况是否正常。用手按下常闭触点断开按钮，用万用表欧姆挡检查常闭触点是否断开。

（4）测量结束，恢复热继电器上口及常闭触点的接线。通电前应根据所保护电动机的容量确定热继电器的整定电流，用螺丝刀调节整定电流调节旋钮至整定值。

（5）接通电源试验时，用交流电压挡测量热继电器热元件下口输出的三相电压情况。

（三）接触器

1. 认识常用的接触器

根据接触器的实物，写出对应的型号。

交流接触器
的认识

2. 交流接触器的拆装及测试

（1）拆装交流接触器，按以下步骤进行。

1）拆卸：拆下灭弧罩；拆底盖螺钉；打开盖，取出铁心，注意衬垫纸片不要弄丢；取出缓冲弹簧和电磁线圈；取出反作用弹簧。拆卸完毕将零部件放好，不要丢失。

2）观察：仔细观察交流接触器的结构，零部件是否完好无损；观察铁心上的短路环位置及大小；记录交流接触器的有关数据。

3）组装：安装反作用弹簧；安装电磁线圈；安装缓冲弹簧；安装铁心；最后安装底盖，拧紧螺钉。安装时，不要碰损零部件。

4）更换辅助触头：松开压线螺钉，拆除静触头；用尖嘴钳夹住动触头向外拆，即可拆除动触头；将触头插在应安装的位置，拧紧螺钉就可以更换静触头；用尖嘴钳夹住触头插入动触头位置，更换动触头。

5）更换主触头：交流接触器的主触头一般是桥式结构。将静触头和动触头一一拆除，依次更换。应注意组装时，零件必须到位，无卡阻现象。

（2）对交流接触器的释放电压进行测试，步骤如下所述。

1）按照图接线。

2）闭合刀开关 QS，调节调压器为 380V；闭合 QS2，交流接触器吸合；转动调压器手柄，使电压均匀下降，同时注意接触器的变化，并在表 5-7 中记录数据。

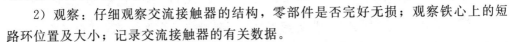

表 5-7	电源电压数据记录		单位：V
电源电压	开始出现噪声电压	接触器释放电压	释放电压/额定电压

（3）对交流接触器的最低吸合电压进行测试。从释放电压开始，每次将电压上调10V，然后闭合刀开关。观察交流接触器是否吸合。如此重复，直到交流接触器能可靠地闭合工作为止，在表5-8中记录数据。

表 5-8　　　　　　　　　　　　最低吸合电压数据记录　　　　　　　　　　　　单位：V

最低吸合电压	吸合电压/电源电压

（四）熔断器

1. 认识常用的熔断器

根据熔断器的实物，写出对应的型号。

2. 熔断器的测试步骤

（1）切断熔断器上口电源，在用试电笔或万用表电压挡测量确认无电后，检查熔断器上、下口导线的连接情况，检查是否有松动现象。

（2）用万用表电阻挡检查熔断器和熔体的通断情况是否正常。

（3）若熔体发生熔断，则通过观察更换相应规格的熔体。

（4）重新正确更换熔体后，接通上口电源，用试电笔或万用表电压挡测量断路器上、下口的电源情况。

（五）主令电器

1. 按钮的测试步骤

（1）切断线路电源，将按钮接线中便于拆装的一端拆下。

（2）在保持按钮初始状态的情况下，用万用表电阻挡测量按钮的通断情况是否正常。

（3）在按下按钮的情况下，用万用表电阻挡测量按钮的通断情况是否正常。正常时测量的电阻应为 0Ω 或接近于 0Ω。

（4）若触点存在问题，则根据不同的按钮类型，采用正确方法拆下触点，用锉刀对触点进行修复，安装恢复后，还需要进一步用万用表电阻挡测量确认修复情况。

（5）重新恢复按钮的接线，并检查按钮的接线是否牢固。

2. 按钮的安装步骤

（1）根据线路需求，选择按钮常开、常闭个数，进行组装。

（2）在保持按钮松开和按下的情况下，用万用表电阻挡测量按钮的通断情况是否正常。

（3）检测正确后，根据不同的结构类型，进行正确的安装。

（六）低压开关

1. 低压断路器的测试步骤

（1）切断断路器上口电源，在用试电笔或万用表电压挡测量确认无电后，检查断路器上、下口导线的连接情况，检查是否有松动现象。

（2）用万用表电阻挡检查断路器在手柄拉断和推合两种状态下的通断情况是否正常。合上电阻为 0 或接近于 0，断开后是无穷大。

（3）将断路器上口电源线拆下，用 500 V 兆欧表检测断路器极间、每极与地间以及断路器断开时上、下口之间的绝缘电阻值，应不小于 10 MΩ。

（4）重新连接好断路器上口的电源接线，接通上口电源，闭合断路器手柄，用万用表电压挡测量断路器上、下口的电压情况。

（5）若断路器具有漏电保护功能，则按下实验按钮，观察断路器能否正常跳闸。

知识探究

继电器是具有隔离功能的自动开关元件，广泛应用于遥控、遥测、通信、自动控制、机电一体化及电力电子设备中，是重要的控制元件之一。继电器实际上是用较小的电流去控制较大电流的一种"自动开关"。故在电路中起着自动调节、安全保护、转换电路等作用。

一、电磁式继电器

（一）电磁式继电器的结构和工作原理

电磁继电器的工作原理是：当线圈通电以后，铁心被磁化产生足够大的电磁力，吸动衔铁并带动簧片，使动触点和静触点闭合或分开，即原来闭合的触点断开，原来断开的触点闭合；当线圈断电后，电磁吸力消失，衔铁返回原来的位置，动触点和静触点又恢复到原来闭合或分开的状态。应用时只要把需要控制的电路接到触点上，就可利用继电器达到控制的目的。

与接触器不同的是，继电器用于控制电路，流过触点的电流比较小（一般在 5A 以下），故不需要灭弧装置。

（二）电磁式继电器的主要技术参数

（1）额定工作电压、额定工作电流。是指继电器在正常工作时加在线圈两端的电压。额定工作电流是指继电器在正常工作时要通过线圈的电流。在使用中应满足线圈对电压、电流的要求。

（2）线圈直流电阻。是指继电器线圈的直流电阻值。

（3）吸合电压、吸合电流。继电器能够产生吸合动作的最小电压值称为吸合电压。继电器能够产生吸合动作的最小电流值，就称为吸合电流。

（4）释放电压、释放电流。使继电器从吸合状态到释放状态所需的最大电压值，就称释放电压。使继电器从吸合状态到释放状态所需的最大电流值，就称释放电流。为能保证继电器按需要可靠释放，在继电器释放时，其线圈上的电压（电流）必须小于释放电压（电流）。

（5）触点负荷。是指继电器的触点允许通过的电流和所加的电压。即触点能够承受的负载大小。在使用时，为保证触点不被损坏，不能用触点负荷小的继电器去控制负载大的电路。

（6）触头数量。是指继电器具有的常开和常闭触头数量。在不同的控制电路中，所用到的常开和常闭触头数量不同，要根据具体任务选择继电器的规格、型号。

（7）动作时间。有吸合时间和释放时间两种。吸合时间是指从线圈接受电信号到衔铁完全吸合所需的时间。释放时间是指从线圈断电到衔铁完全释放所需的时间。

（三）电磁式继电器的选择

（1）选择电磁式继电器线圈的额定工作电流：用晶体管或集成电路驱动的直流电磁继电器，其线圈额定工作电流应在驱动电路的输出电流范围之内。

（2）选择电磁式继电器接点类型及接点负荷：同一种型号的继电器通常有多种接点的方式可供选用（电磁继电器有：单组接点、双组接点、多组接点及常开式接点、常闭式接点等），应选用合适应用电路的接点类型。

（3）选择电磁式继电器线圈电源电压：选用电磁式继电器时，首先应选择继电器线圈电源电压是交流还是直流。继电器的额定工作电压普通应小于或等于其控制电路的工作电压。

（4）选择电磁式继电器适宜的体积：继电器体积的大小通常与继电器接点负荷的大小有关，选用多大体积的继电器，还应依据应用电路的请求而定。

（四）电磁式继电器的型号及含义

电磁式继电器的型号及含义如下：

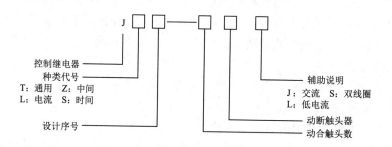

（五）电磁式继电器的类型

1. 电流继电器

根据线圈中电流大小而动的继电器称为电流继电器（KI）。电流继电器是一种常用的电磁式继电器，用于电力拖动系统的电流保护和控制。其线圈串联接入主电路，用来感测主电路的线路电流；触点接于控制电路，为执行元件。电流继电器反映的是电流信号。常用的电流继电器有欠电流继电器和过电流继电器两种。

欠电流继电器（KA）用于电路起欠电流保护，吸引电流为线圈额定电流 30% ～ 65%，释放电流为额定电流 10% ～ 20%，因此，在电路正常工作时，衔铁是吸合的，只有当电流降低到某一整定值时，继电器释放，控制电路失电，从而控制接触器及时分断电路。

过电流继电器（FA）在电路正常工作时不动作，整定范围通常为额定电流 1.1 ～ 4 倍，当被保护线路的电流高于额定值，达到过电流继电器的整定值时，衔铁吸合，触点机构动作，控制电路失电，从而控制接触器及时分断电路。对电路起过流保护作用。

电流继电器在电路图中的符号如图 5-7 所示。

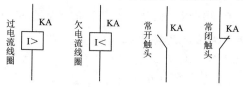

图 5-7　电流继电器在电路图中的符号

2. 电压继电器

根据线圈两端电压大小而动的继电器称为电压继电器（kV）。电压继电器的线圈并联接入主电路，用于检测电路电压的变。触点接于控制电路，为执行元件。对电路实现过电压或欠电压保护。电压继电器根据其动作电压值的不同分为过电压和欠电压两种。

过电压继电器在额定电压下不吸合，当线圈电压达到额定电压的 105%～120% 时，衔铁吸合，触点机构动作，控制电路失电，控制接触器及时分断被保护电路。欠电压继电器在额定电压下吸合，当线圈电压降至额定电压的 40%～70% 时，衔铁释放，触点机构复位，控制接触器及时分断被保护电路。

电压继电器在电路图中的符号如图 5-8 所示。

中间继电器实质上是一种电压继电器。它的特点是触点数目较多，电流容量可增大，可起到中间放大（触点数目和电流容量）的作用。

3. 时间继电器

时间继电器（KT）是一种利用电磁原理或机械动作原理来实现触点延时接通或断开的自动控制电器。按它的动作原理可分为电磁式、空气阻尼式、电动式以及电子式等；按延时方式可分为通电延时型和断电延时型两种。

时间继电器在电路图中的符号如图 5-9 所示。

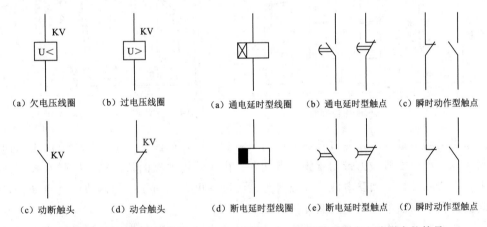

图 5-8　电压继电器在电路图中的符号　　　　图 5-9　时间继电器在电路图中的符号

二、非电磁式继电器

非电磁类继电器的感测元件接受非电量信号（如温度、转速、位移及机械力等）。常用的非电磁类继电器有热继电器、速度继电器等。

（一）热继电器

热继电器（FR）是一种应用于电动机及其他电气设备、线路过载保护的电气元件。热继电器利用电流的热效应原理，在出现电动机不能承受的过载时切断控制回路，为电动机提供过载保护的保护电器。热继电器在电路图中的符号如图 5-10 所示。

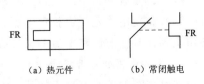

图 5-10　热继电器在电路图中的符号

1. 热继电器的结构和工作原理

（1）热继电器的结构。热继电器基本结构由发热元件、触点系统、动作机构、复位按钮、整定电流装置和温度补偿元件等部分组成（图 5-11）。

1）发热元件是一段阻值不大的电阻丝，串接在被保护电动机的主电路中。

2）双金属片由两种不同热膨胀系数的金属片辗压而成。

3）整定电流旋钮，可根据电机的工作制和额定电流选择。

4）复位按钮，过载故障后，冷却一段时间，可按此按钮复位。复位按钮可设置为手动或者自动位置，一般设置在手动位置。

（2）热继电器的工作原理。电流经热元件，产生热量，使有不同膨胀系数组成的双金属片发生形变。当形变达到一定距离时，就推动连杆动作。膨胀系数大的称为主动层，膨胀系数小的称为被动层。图 5-12 中所示的双金属片，上层的膨胀系数小，下层的热膨胀系数大。

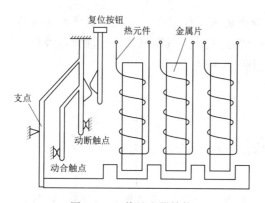

图 5-11　热继电器结构

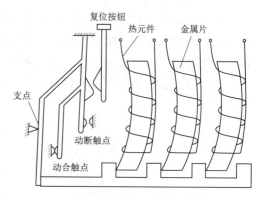

图 5-12　热继电器过载保护动作

当电动机过载时，通过发热元件的电流超过整定电流，双金属片受热向上弯曲脱离扣板，产生的机械力带动常闭触点断开。由于热继电器的常闭触点串联在控制回路中，将会断开控制回路电源，导致接触器线圈失电，从而使接触器的主触点断开，电动机的主电路断电，实现过载保护功能。

热继电器动作后，双金属片经过一段时间冷却，按下复位按钮即可复位。

2. 热继电器的主要技术参数

（1）额定电压：热继电器能够正常工作的最高的电压值，一般为交流 220V、380V、600V。

（2）额定电流：热继电器的额定电流主要是指通过热继电器的电流。

（3）额定频率：一般而言，其额定频率按照 45～62Hz 设计。

（4）整定电流范围：整定电流的范围由本身的特性来决定。在一定的电流条件下热继电器的动作时间和电流的平方成正比。

3. 热继电器的型号及含义

热继电器的型号及含义如下：

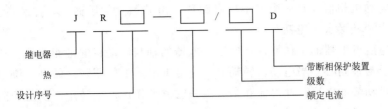

4.热继电器的选择

选择热继电器,主要根据所保护电动机的额定电流来确定热继电器的规格和热元件的电流等级。

(1)根据电动机的额定电流选择热继电器的规格。一般应使热继电器的额定电流略大于电动机的额定电流。

(2)根据需要的整定电流值选择热元件的编号和电流等级。一般情况下,热元件的整定电流为电动机额定电流的0.95~1.05倍。但如果电动机拖动的是冲击性负载或起动时间较长及拖动的设备不允许停电的场合,热继电器的整定电流值可取电动机额定电流的1.1~1.5倍。如果电动机的过载能力较差,热继电器的整定电流可取电动机额定电流的0.6~0.8倍。同时,整定电流应留有一定的上下限调整范围。

(3)根据电动机定子绕组的连接方式选择热继电器的结构形式,即定子绕组做Y连接的电动机选用普通三相结构的热继电器,而做△连接的电动机应选用三相结构带断相保护装置的热继电器。

(二)速度继电器

速度继电器(KS)是利用转轴的一定转速来切换电路的自动电器。它常用于电动机的反接制动的控制电路中,当反接制动的转速下降到接近零时,它能自动地及时切断电流。速度继电器在电路图中的符号如图5-13所示。

1.速度继电器的结构和工作原理

(1)速度继电器的结构。图5-14为速度继电器结构示意图。从结构上看,与交流电动机相类似,速度继电器主要由定子、转子和触头三部分组成。定子的结构与

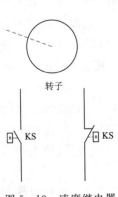

图5-13　速度继电器
在电路图中的符号

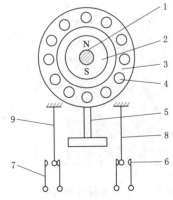

图5-14　速度继电器结构
1—转轴;2—转子;3—定子;4—绕组;5—摆锤;
6,7—静触头;8,9—动触头

笼型异步电动机相似,是一个笼型空心圆环,由硅钢片冲压而成,并装有笼型绕组。转子是一个圆柱形永久磁铁。

(2)速度继电器的工作原理。速度继电器的轴与电动机的轴相连接。转子固定在轴上,定子与轴同心。当电动机转动时,速度继电器的转子随之转动,绕组切割磁场产生感应电动势和电流,此电流和永久磁铁的磁场作用产生转矩,使定子向轴的转动方向偏摆,通过定子柄拨动触点,使常闭触点断开、常开触点闭合。当电动机转速下降到接近于零时,转矩减小,定子柄在弹簧力的作用下恢复原位,触点也复原。

2.速度继电器的型号及含义

速度继电器的型号及含义如下:

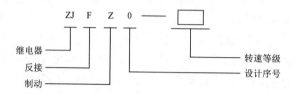

3.速度继电器的选择

速度继电器主要考虑速度动作值,触头容量,触头形式和数量,电寿命等,主要根据电动机的额定转速来选择。

三、接触器

(一)交流接触器的结构和工作原理

1.交流接触器的结构

交流接触器结构如图5-15所示。

交流接触器主要由以下四部分组成

(1)电磁机构:由线圈、动铁心(衔铁)和静铁心组成,其作用是将电磁能转换成机械能,产生电磁吸力带动触头动作。

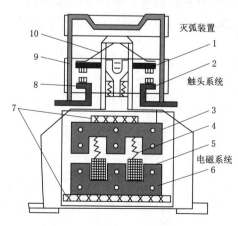

图5-15 交流接触器结构

1—动触头;2—静触头;3—衔铁;4—缓冲弹簧;
5—电磁线圈;6—铁心;7—垫毡;8—反作用
弹簧;9—灭弧罩;10—触头压力弹簧片

(2)触头系统:包括主触头和辅助触头。主触头用于通断主电路,通常为三对常开触头。辅助触头用于控制电路,起电气联锁作用,故又称联锁触头。交流接触器图形及文字符号如图5-16所示,直流接触器在电路图中的符号与交流接触器相同。

(3)灭弧室:触头开、关时产生很大电弧会烧坏主触头,为了迅速切断触头开、关时的电弧,一般容量稍大些的交流接触器都有灭弧室。

(4)其他部分:包括反作用弹簧、缓冲弹簧、触头压力弹簧片、传动机构、短路环、接线柱等。

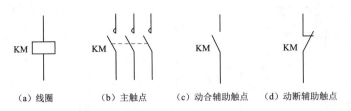

（a）线圈　　　（b）主触点　　　（c）动合辅助触点　　（d）动断辅助触点

图 5-16　交流接触器图形及文字符号

2. 交流接触器的工作原理

电磁式交流接触器的工作原理如下：线圈通电后，在铁心中产生磁通及电磁吸力。此电磁吸力克服弹簧反力使得衔铁吸合，带动触头机构动作，常闭触头打开，常开触头团合，互锁或接通线路。线圈失电或线圈两端电压显著降低时，电磁吸力小于弹簧反力，使得衔铁释放，触头机构复位，断开线路或解除互锁。

直流接触器是用于远距离接通和分断直流电路及频繁地操作和控制直流电动机的一种自动控制电器。其结构及工作原理与交流接触器基本相同。

（二）接触器的主要技术参数

接触器的主要技术参数有极数、额定工作电压、额定工作电流（或额定控制功率）、线圈额定电压、线圈的起动功率和吸持功率、额定通断能力、允许操作频率、机械寿命和电寿命、使用类别等。

（1）极数：指交流接触器主触头的个数。极数有两极、三极和四极接触器。三相异步电动机的起停控制一般选用三极接触器。

（2）额定工作电压：指主触头之间的正常工作电压，即主触头所在电路的电源电压。交流接触器额定工作电压有 127V、220V、380V、500V、660V 等，直流接触器额定工作电压有 110V、220V、380V、500V、660V 等。

（3）额定工作电流：指主触头正常工作的电流值。交流接触器的额定工作电流有 10A、20A、40A、60A、100A、150A、400A、600A 等，直流接触器的额定工作电流有 40A、80A、100A、150A、400A、600A 等。

（4）线圈额定电压：指电磁线圈正常工作的电压值。交流线圈有 127V、220V、380V，直流线圈有 110V、220V、440V。

（5）机械寿命和电寿命：机械寿命为接触器在空载情况下能够正常工作的操作次数。电寿命为接触器有载操作次数。

（6）使用类别：不同的负载，对接触器的触头要求不同，要选择相应使用类别的接触器。AC 为交流接触器的使用类别，DC 为直流接触器的使用类别。AC1 和 DC1 类允许接通和分断额定电流，AC2、DC3 和 DC5 类允许接通和分断 4 倍额定电流，AC3 类允许接通 6 倍的额定电流和分断额定电流，AC4 允许接通和分断 6 倍额定电流。

AC1 类主要用于无感或微感负载、电阻炉；AC2 类主要用于绕线转子异步电动机的起动、制动；AC3 类主要用于笼型异步电动机的起动、运转中分断；AC4 类主要用于笼型异步电动机的起动、反接制动、反向和点动等。

（三）接触器的型号及含义

接触器的型号及含义如下：

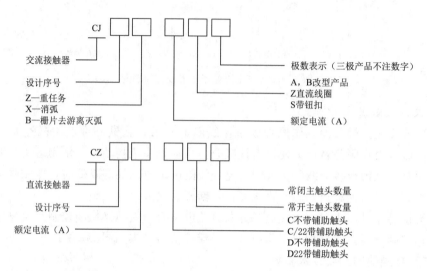

（四）接触器的选择

1. 交流接触器

交流接触器使用广泛，但随着使用场合及控制对象的不同，接触器的操作条件与工作繁重程度也不同。因此，必须对控制对象的工作情况以及接触器的性能有较全面的了解，才能做出正确的选择，保证接触器可靠运行并充分发挥其技术经济效益。因此，应根据以下原则选用接触器：

（1）根据被控电路电压等级来选择接触器的额定电压。

（2）根据控制电路电压等级来选择接触器线圈的额定电压等级。

（3）主触头的额定电流应大于或等于负载的额定电流。

（4）根据所控制负载的工作任务来选择相应使用类别的接触器。

2. 直流接触器

直流接触器的选择方法与交流接触器相同。但须指出，选择接触器时，应首先选择接触器的类型，即根据所控制的电动机或负载电流类型来选择接触器。通常交流负载选用交流接触器，直流负载选用直流接触器。如果控制系统中主要是交流负载，而直流负载容量较小时，也可用交流接触器控制直流负载，但交流接触器的额定电流应适当选大一些。

四、熔断器

熔断器（FU）是低压配电网络和电力拖动系统中主要用做短路保护的电器，其图形及文字符号如图 5-17 所示。它具有结构简单、体积小、重量轻、使用维护方便、价格低廉等特点，获得了广泛的应用。熔断器按结构形式主要分为瓷插入式、螺旋式、有填料封闭管式、无填料封闭管式等；按用途分为工业用熔断器、半导体器件保护用熔断器、特殊用途熔断器等。

FU

图 5-17 熔断器图形及
文字符号

（一）熔断器的结构和工作原理

1. 熔断器的结构

熔断器主要由熔体、安装熔体的熔管和底座三部分组成。熔体是熔断器的主要组成部分，常做成丝状、片状或栅状。熔体的材料通常有两种，一种由铅、铅锡合金或锌等低熔点材料制成，多用于小电流电路；另一种由银、铜等较高熔点的金属制成，多用于大电流电路。熔管是熔体的保护外壳，用耐热绝缘材料制成，在熔体熔断时兼有灭弧作用。底座作用是固定熔管和外接引线。常见熔断器结构图如图 5-18 所示。

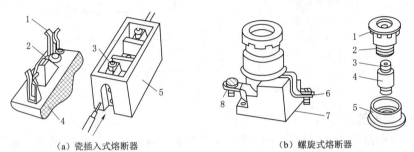

（a）瓷插入式熔断器
1—动触头；2—熔丝；3—静触头；4—瓷盖；5—瓷座

（b）螺旋式熔断器
1—瓷帽；2—金属管；3—色片；4—熔断管；5—瓷套；6—上接线板；7—底座；8—下接线板

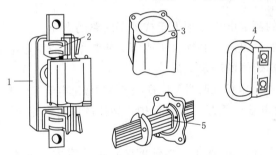

（c）有填料封闭管式熔断器
1—瓷底座；2—弹簧片；3—管体；4—绝缘手柄；5—熔体

图 5-18　常见熔断器结构图

2. 熔断器的工作原理

熔断器是一种利用电流热效应原理和热效应导体热熔断来保护电路的电器，广泛应用于各种控制系统中起保护电路的作用。当电路发生短路或严重过载时，它的热效应导体能自动迅速熔断，切断电路，从而保护线路和电气设备。

（二）熔断器的主要技术参数

熔断器的技术参数应区分为熔断器（底座）的技术参数和熔体的技术参数。同一规格的熔断器底座可以装设不同规格的熔体，熔体的额定电流可以和熔断器的额定电流不同，但熔体的额定电流不得大于熔断器的额定电流。

（1）额定电压：熔断器长期能够承受的正常工作电压，即安装处电网的额定电压。

（2）额定电流：熔断器壳体部分和载流部分允许通过的长期最大工作电流。

（3）熔体的额定电流：熔体允许长期通过而不会熔断的最大电流。

（4）极限断路电流：熔断器所能断开的最大短路电流。

熔断器的技术参数还包括额定开断能力、电流种类、额定频率、分断范围、使用类别和外壳防护等级等。

（三）熔断器的型号及含义

常用熔断器的型号及含义如下：

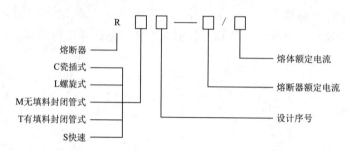

（从左到右、从上到下标注）R 熔断器；C 瓷插式；L 螺旋式；M 无填料封闭管式；T 有填料封闭管式；S 快速；设计序号；熔断器额定电流；熔体额定电流

（四）熔断器的选择

（1）熔断器的类型应根据使用场合及安装条件进行选择。电网配电一般用管式熔断器；电动机保护一般用螺旋式熔断器；照明电路一般用瓷式熔断器；保护可控硅则应选择快速熔断器。

（2）熔断器的额定电压必须大于或等于线路的电压。

（3）熔断器的额定电流必须大于或等于所装熔体的额定电流。

（4）合理选择熔体的额定电流。

1）对于变压器、电炉和照明等负载，熔体的额定电流应略大于线路负载的额定电流。

2）对于一台电动机负载的短路保护，熔体的额定电流应为 1.5～2.5 倍电动机的额定电流。

3）对几台电动机同时保护，熔体的额定电流应大于或等于其中最大容量的一台电动机的额定电流的 1.5～2.5 倍加上其余电动机额定电流的总和。

4）对于降压起动的电动机，熔体的额定电流应等于或略大于电动机的额定电流。

五、主令电器

控制系统中，主令电器是一种专门发布命令、直接或通过电磁式电器间接作用于控制电路的电器。常用来控制电力拖动系统中电动机的起动、停车、调速及制动等。

常用的主令电器有控制按钮、行程开关、接近开关、万能转换开关及其他主令电器（如主令控制器、紧急开关等）。本节仅介绍几种常用的主令电器。

（一）控制按钮

控制按钮（SB）是一种结构简单、应用广泛的主令电器，主要用于远距离控制接触器、电磁起动器、继电器线圈及其他控制线路，也可用于电气联锁线路等。控制按钮在电路图中的符号如图 5-19 所示。

1. 控制按钮的结构和工作原理

（1）控制按钮的结构。控制按钮一般由按钮、复位弹簧、触头和外壳等部分组成，其结构如图 5-20 所示。在电器控制线路中，常开按钮常用来起动电动机，也称起动按钮；常闭按钮常用于控制电动机停车，也称停车按钮；复合按钮用于联锁控制

按钮的认识

电路中。为了便于识别各个按钮的作用，通常按钮帽有不同的颜色，一般红色表示停车按钮，绿色或黑色表示起动按钮。

SB
SB
SB

（a）常开触点　（b）常闭触点　（c）复合触点

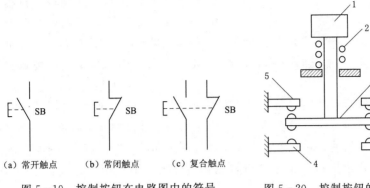

图 5－19　控制按钮在电路图中的符号

1
2
3
4
5

图 5－20　控制按钮的结构

1—按钮帽；2—复位弹簧；3—动触点；4—常开静触点；5—常闭静触点

（2）控制按钮的工作原理。按钮通常做成复合式，即具有常闭触点和常开触点。按下按钮时，先断开常闭触点，后接通常开触点；按钮释放后，在复位弹簧的作用下，按钮触点自动复位的先后顺序相反。通常，在无特殊说明的情况下，有触点电器的触点动作顺序均为“先断后合”。

2. 控制按钮的型号的含义及电气符号

LA 系列控制按钮型号的含义如下：

LA □—□ □
派生代号：J表示蘑菇钮，D表示带指示灯，
X表示旋钮式，Y表示钥匙钮，无代号表示平钮式
触点数（1～6）
设计序号
按钮

控制按钮的图形符号及文字符号如图 5－21 所示。

3. 控制按钮的选择

（1）根据使用场合选择按钮的种类。

（2）根据用途选择合适的形式。

（3）根据控制回路的需要确定按钮数。

（4）按工作状态指示和工作情况要求选择按钮和指示灯的颜色。

SB
SB
SB

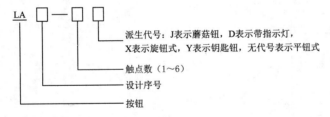

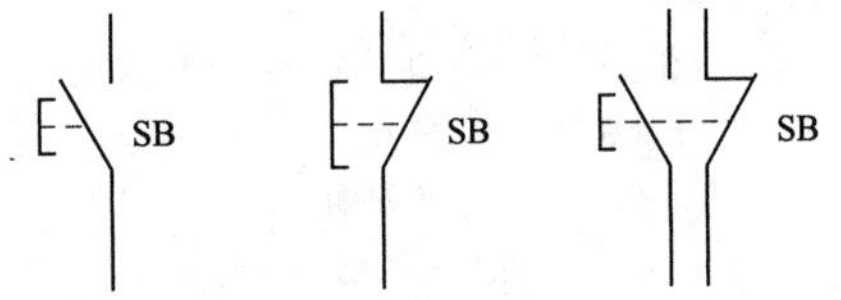

（a）动合触点　（b）动断触点　（c）复合式触点

图 5－21　控制按钮的图形符号及文字符号

（二）行程开关

行程开关（SQ）又称限位开关，是一种自动开关，也是主令电器的一种，通常行程开关被用来限制机械运动的位置或行程，使运动机械按一定的位置或行程实现自动停止，反向运动，变速运动或自动往返运动等。行程开关在电路图中的符号如图 5－22 所示。

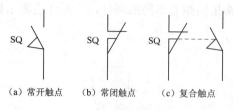

（a）常开触点　（b）常闭触点　（c）复合触点

图 5 - 22　行程开关在电路图中的符号

1. 行程开关的结构和工作原理

行程开关的作用原理与按钮类似，动作时碰撞行程开关的顶杆。行程开关的种类很多，按其结构不同可分为直动式、滚轮式、微动式；按其复位方式可分为自动复位式和非自动复位式；按触头性质可分为有触头式和无触头式。

（1）直动式行程开关。图 5 - 23 为直动式行程开关结构示意图，其动作原理同按钮类似，区别在于：一个是手动，另一个则由运动部件的撞块碰撞。当外界运动部件上的撞块碰压按钮使其触头动作，当运动部件离开后，在弹簧作用下，其触头自动复位。触点的分合速度取决于生产机械的运行速度，不宜用于速度低于 0.4m/min 的场所。

（2）滚轮式行程开关。图 5 - 24 为单轮自动恢复式行程开关结构示意图，当被控机械上的撞块撞击带有滚轮的撞杆时，撞杆转向右边，带动凸轮转动，顶下推杆，使微动开关中的触点迅速动作。当运动机械返回时，在复位弹簧的作用下，各部分动作部件复位。而双轮旋转式行程开关不能自动复原，它是依靠运动机械反向移动时，挡铁碰撞另一滚轮将其复原。

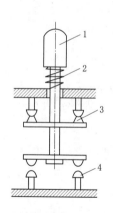

图 5 - 23　直动式行程开关结构
1—推杆；2—弹簧；3—常闭触点；
4—常开触点

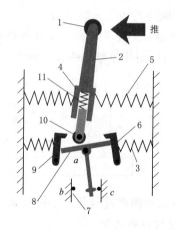

图 5 - 24　单轮自动恢复式行程开关结构
1—滚轮；2—上转臂；3，5，11—弹簧；4—套架；
6—滑轮；7—压板；8，9—触点；10—横板

（3）微动开关式行程开关。图 5 - 25 为微动开关式行程开关结构示意图。当推杆被机械作用力压下时，弹簧片产生机械变形，储存能量并产生位移，当达到临界点时，弹簧片连同桥式动触头瞬时动作。当外力失去后，推杆在弹簧片作用下迅速复位，触头恢复原来状态。微动开关采用瞬动结构，触头换接速度不受推杆压下速度的影响。

2. 行程开关的选择

（1）根据使用场合和控制对象来确定行程开关的种类。当生产机械运动速度不是

太快时，通常选用一般用途的行程开关；而当生产机械行程通过的路径不宜装设直动式行程开关时，应选用凸轮轴转动式的行程开关；而在工作效率很高、对可靠性及精度要求也很高时，应选用接近开关。

（2）根据使用环境条件，选择开启式或保护式等防护形式。

（3）根据控制电路的电压和电流选择系列。

（4）根据生产机械的运动特征，选择行程开关的结构形式（即操作方式）。

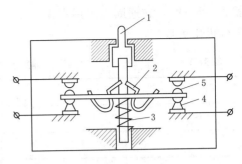

图5-25　微动开关式行程开关结构
1—推杆；2—弹簧；3—动合触点；
4—动断触点；5—压缩弹簧

（三）万能转换开关

万能转换开关是由多组相同结构的触点组件叠装而成的多回路控制电器，它具有寿命长，使用可靠，结构简单等优点，适用于交流50Hz，380V，直流220V及以下的电源引入，5kW以下小容量电动机的直接起动，电动机的正，反转控制及照明控制的电路中，但每小时的转换次数不宜超过15～20次。

万能转换开关由接触系统、操作机构、转轴、手柄、齿轮啮合机构等主要部件组成，用螺栓组装成整体，其结构原理图如图5-26所示。在每层触头底座上可装三对触头，由凸轮经转轴来控制这三对触头的通断。凸轮工作位置为45°和30两种，凸轮材料为尼龙，根据开关控制回路的要求，凸轮也有不同的形式。

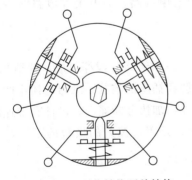

图5-26　万能转换开关结构

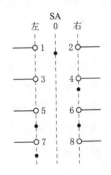

图5-27　万能转换开关图形符号

万能转换开关的图形符号如图5-27所示。但由于其触点的分合状态是与操作手柄的位置有关的，因此，在电路图中除画出触点图形符号之外，还应有操作手柄位置与触点分合状态的表示方法。其表示方法有两种：一种是在电路图中画虚线和画"●"的方法，即用虚线表示操作手柄的位置，用有无"●"分别表示触点的闭合和打开状态。比如，在触点图形符号下方的虚线位置上面画"●"，则表示当操作手柄处于该位置时该触点处于闭合状态，若在虚线位置上未画"●"，则表示该触点处于打开状态。另一种是在电路图中既不画虚线也不画"●"，而是在触点图形符号上标出触点编号，再用通断表表示操作手柄在不同位置时的触点分合状态（表5-9），在通断表中用有无"×"分别表示操作手柄在不同位置时触点的闭合和断开状态。

表5-9　　　　　　　　　　　　　　触 点 接 线 表

触点号	位 置		
	左	0	右
1—2		×	
3—4			×
5—6	×	×	
7—8	×		

六、低压开关

开关是最为普通的电器之一，主要用于低压配电系统及电气控制系统中，对电路和电器设备进行不频繁地通断、转换电源或负载控制，有的还可用作小容量笼型异步电动机的直接起动控制。所以，低压开关也称低压隔离开关，是低压电器中结构比较简单、应用较广的一类手动电器。主要有刀开关、组合开关、负荷开关、低压断路器等。

（一）刀开关

刀开关（QS）是手动电器中结构最简单的一种，主要用作电源隔离开关，也可用来非频繁地接通和分断容量较小的低压配电线路。刀开关在电路图中的符号如图5-28所示。

1. 刀开关的结构

刀开关由手柄、触刀、静插座、铰链支座和绝缘底板等组成，其结构如图5-29所示。它依靠手动来实现触刀插入插座与脱离插座的控制。触刀与插座的接触一般为楔形线接触。为使刀开关分断时有利于灭弧，加快分断速度，设计有带速断刀刃的刀开关和触刀能速断的刀开关，有的还装有灭弧罩。按刀的极数的不同，刀开关有单极、双极与三极之分。

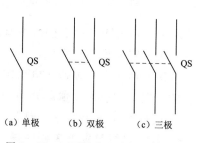

（a）单极　　（b）双极　　（c）三极

图5-28　刀开关在电路图中的符号

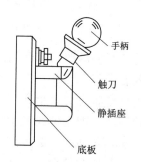

手柄
触刀
静插座
底板

图5-29　刀开关结构

刀开关安装时，手柄要向上，不得倒装或平装。安装正确，作用在电弧上的电动力和热空气的上升方向一致，就能使电弧迅速拉长而熄灭，反之，两者方向相反，电弧将不易熄灭，严重时会使触点、刀片烧伤，甚至造成极间短路。另外，如果倒装，手柄可能会因自动下落而引起误动作合闸，将可能造成人身和设备安全事故。接线时应将电源线接在上端，负载接在下端，这样拉闸后刀片与电源隔离，可防止意外事故发生。

2. 刀开关的型号及含义

刀开关的型号及含义如下：

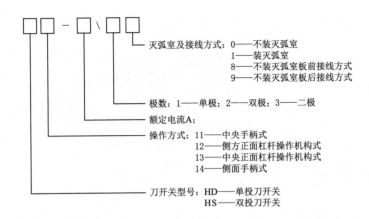

灭弧室及接线方式：0——不装灭弧室
　　　　　　　　　1——装灭弧室
　　　　　　　　　8——不装灭弧室板前接线方式
　　　　　　　　　9——不装灭弧室板后接线方式

极数：1——单极；2——双极；3——二极

额定电流A；

操作方式：11——中央手柄式
　　　　　12——侧方正面杠杆操作机构式
　　　　　13——中央正面杠杆操作机构式
　　　　　14——侧面手柄式

刀开关型号：HD——单投刀开关
　　　　　　HS——双投刀开关

3. 刀开关的主要技术参数

刀开关的主要技术参数有额定电压、额定电流、通断能力、动稳定电流、热稳定电流等。

（1）动稳定电流是指在电路发生短路故障时，刀开关并不因短路电流产生的电动力作用而发生变形、损坏或触刀自动弹出之类的现象。这一短路电流（峰值）即为刀开关的动稳定电流，其数值可高达额定电流的数十倍。

（2）热稳定电流是指发生短路故障时，刀开关在一定时间（通常为1s）内通过某一短路电流并不会因温度急剧升高而发生熔焊现象，这一短路电流的最大值称为刀开关的热稳定电流，刀开关的热稳定电流也可高达额定电流的数十倍。

4. 刀开关的选择

刀开关选择时应考虑以下两个方面：

（1）刀开关结构形式的选择：应根据刀开关的作用和装置的安装形式来选择如是否带灭弧装置，若分断负载电流时，应选择带灭弧装置的刀开关。根据装置的安装形式来选择，是正面、背面或侧面操作形式，是直接操作还是杠杆传动，是板前接线还是板后接线的结构形式。

（2）刀开关的额定电流的选择：一般应等于或大于所分断电路中各个负载额定电流的总和。对于电动机负载，应考虑其起动电流，所以应选用额定电流大一级的刀开关。若再考虑电路出现的短路电流，还应选用额定电流更大一级的刀开关。

（二）负荷开关

在电力拖动控制线路中，负荷开关（QS）由刀开关和熔断器组合而成。负荷开

关分为开启式负荷开关和封闭式负荷开关两种。负荷开关在电路图中的符号如图5-
30所示。

1. 开启式负荷开关

开启式负荷开关俗称胶盖瓷底刀开关，主要用做电气照明电路、电热电路的控制
开关，也可用做分支电路的配电开关。三极负荷开关在降低容量的情况下，可用做小
容量三相感应电动机非频繁起动的控制开关。由于它价格便宜，使用维修方便，故应
用十分普遍。与刀开关相比，负荷开关增设了熔体与防护外壳胶盖两部分，可实现短
路保护。

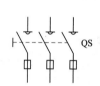

图5-30　负荷开关
在电路图中的符号

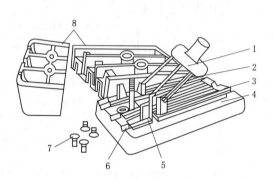

图5-31　开启式负荷开关的结构示意图
1—瓷柄；2—动触头；3—出线座；4—瓷底座；
5—静触头；6—进线座；7—胶盖紧固螺钉；8—胶盖

（1）开启式负荷开关的结构。开启式负荷开关由瓷柄、触刀、触刀座、插座、进线
座、出线座、熔体、瓷底座及上、下胶盖等部分组成。结构如图5-31所示。

（2）开启式负荷开关的型号及含义。开启式负荷开关的型号及含义如下：

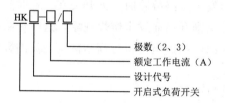

极数（2、3）
额定工作电流（A）
设计代号
开启式负荷开关

（3）开启式负荷开关的选择。开启式负荷开关的结构简单，价格便宜，在一般的
照明电路和功率小于5.5kW的电动机控制线路中被广泛采用。但这种开关没有专门
的灭弧装置，其刀式动触头和静触头易被电弧灼伤引起接触不良，因此不宜用于操作
频繁的电路。具体选用方法如下：

1）用于照明和电热负载时，选用额定电压220V或250V，额定电流不小于电路
所有负载额定电流之和的两极开关。

2）用于控制电动机的直接起动和停止时，选用额定电压380V或500V，额定电
流不小于电动机额定电流3倍的三极开关。

2. 封闭式负荷开关

封闭式负荷开关俗称铁壳开关。封闭式负荷开关一般用于电力排灌、电热器、电气照明线路的配电设备中，用来不频繁地接通与分断电路。其中容量较小者（额定电流为 60A 及以下的），还可用做感应电动机的非频繁全电压起动的控制开关。

（1）封闭式负荷开关的结构。封闭式负荷开关主要由触头和灭弧系统、熔体及操作机构等组成。其装于一防护外壳内。封闭式负荷开关操作机构有两个特点：一是采用储能闭合方式，即利用一根弹簧执行闭合和断开的功能，使开关的闭合和分断速度与操作速度无关（它既有助于改善开关的动作性能和灭弧性能，又能防止触头停滞在中间位置）；二是设有联锁装置，以保证开关闭合后便不能打开箱盖，而在箱盖打开后，不能再闭合，如图 5 - 32 所示。

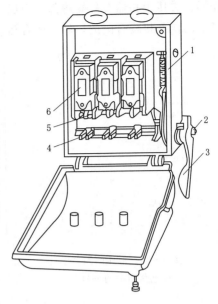

图 5 - 32　封闭式负荷开关结构
1—速断弹簧；2—转轴；3—手柄；
4—刀式触头；5—静夹座；6—熔断器

（2）封闭式负荷开关的型号及含义如下：

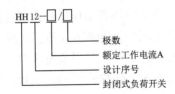

```
HH12-□/□
        │ 极数
        │ 额定工作电流A
        │ 设计序号
        │ 封闭式负荷开关
```

（3）封闭式负荷开关的选择。

1）封闭式负荷开关的额定电压应不小于线路工作电压。

2）封闭式负荷开关用来控制电动机时，负荷开关的额定电流应是电动机额定电流的 2 倍左右。若用来控制一般电热、照明电路，其额定电流按该电路的额定电流选择。

（三）低压断路器

低压断路器（QF）又称自动空气开关或自动空气断路器，是一种不仅可以接通和分断正常负荷电流和过负荷电流、还可以接通和分断短路电流的开关电器。按结构形式可分为塑壳式（又称装置式）、框架式（又称万能式）、限流式、直流快速式、灭磁式和漏电保护式等。低压断路器在电路中除起控制作用外，还具有一定的保护功能，如过负荷、短路、欠压和漏电保护等，因此其应用非常广泛。低压断路器在电路图中的符号如图 5-33 所示。

低压断路器的认识

1. 低压断路器的结构和工作原理

低压断路器主要由动触头、静触头、灭弧装置、操作机构、过流脱扣器、分励脱扣器、欠压脱扣器及外壳等部分组成，其结构如图 5-34 所示。断路器开关是靠手动或电动操作机构合闸的，触头闭合后，自由脱扣机构将触头锁扣在合闸位置上。

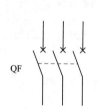

图 5-33　低压断路器
在电路图中的符号

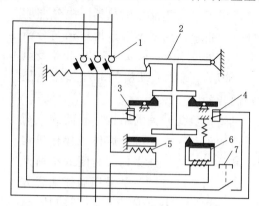

图 5-34　低压断路器结构
1—主触点；2—搭钩；3—过流脱扣器；4—分励脱扣器；
5—发热元件；6—欠压脱扣器；7—按钮

（1）过电流脱扣器用于线路的短路和过电流保护，当线路的电流大于整定的电流值时，过电流脱扣器所产生的电磁力使挂钩脱扣，动触点在弹簧的拉力下迅速断开，实现断路器的跳闸功能。

（2）热脱扣器用于线路的过载保护，工作原理和热继电器相同，过载时热元件发热使双金属片受热弯曲到位，推动脱扣器动作使断路器分闸。

（3）失压（欠电压）脱扣器用于失压保护，失压脱扣器的线圈直接接在电源上，衔铁处于吸合状态，断路器可以正常合闸。当断电或电压很低时，失压脱扣器的吸力小于弹簧的反力，弹簧使动铁心向上使挂钩脱扣，实现断路器的跳闸功能。

（4）分励脱扣器用于远程控制，当在远方按下按钮时，分励脱扣器通电流产生电磁力，使其脱扣跳闸。

不同低压断路器的保护是不同的，使用时应根据需要选用，保护功能主要有短路、过载、欠压、失压、漏电等。

2. 低压断路器的型号及含义

低压断路器的型号及含义如下：

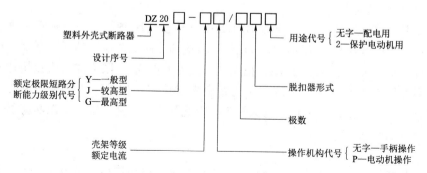

3．低压断路器的主要技术参数

（1）额定工作电压。断路器的额定工作电压是指与开断能力及使用类别相关的电压值。对多相电路是指相间的电压值。

（2）额定绝缘电压。断路器的额定绝缘电压是指设计断路器的电压值，电气间隙和爬电距离应参照这些值而定。除非型号产品技术文件另有规定，额定绝缘电压是断路器的最大额定工作电压。在任何情况下，最大额定工作电压不超过绝缘电压。

（3）断路器壳架等级额定电流用尺寸和结构相同的框架或塑料外壳中能装入的最大脱扣器额定电流表示。

（4）断路器额定电流就是额定持续电流，也就是脱扣器能长期通过的电流。对带可调式脱扣器的断路器是长期通过的最大电流。

（5）额定短路分断能力是指断路器在规定条件下所能分断的最大短路电流值。

4．低压断路器的选择

低压断路器的选择，应遵守以下几条原则：

（1）低压断路器的额定电压和额定电流应大于或等于线路、设备的正常工作电压和工作电流。

（2）低压断路器的极限通断能力应大于或等于电路最大短路电流。

（3）欠电压脱扣器的额定电压应等于线路的额定电压。

（4）过电流脱扣器的额定电流应大于或等于线路的最大负载电流。

任务2　三相异步电动机直接起动控制线路

任务目标

（1）通过学习，了解三相异步电动机直接起动控制电路的工作原理。

（2）能正确识读和绘制三相异步电动机直接起动控制电路的原理图。

（3）能正确进行三相异步电动机直接起动控制电路的安装及检修。

任务描述

机床设备在正常工作时，一部分机床需要利用开关直接控制电动机的起动和停止，为了实现功能，利用三相异步电动机直接起动控制电路。

任务实施

一、电路原理图

二、安装线路

1．安装线路步骤

（1）识读三相异步电动机直接起动控制电路（图5-35），明确电路中所用电器元件及作用，熟悉电路的工作原理。

按照如图5-35所示的电路原理图配齐所需元件，将元件型号规格质量检查情况记录在表5-10中。

三相异步电动机直接起动

161

表 5-10 　　　　　　　　接触器联锁正反转控制电路实训所需器件清单

元件名称	型号	规格	数量	是否可用

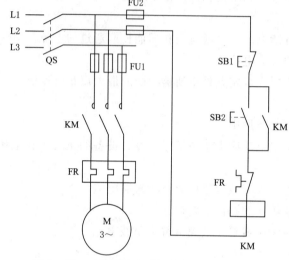

图 5-35 三相异步电动机直接起动电路原理

（2）在事先准备好的配电板上，布置元器件。

（3）工艺要求：各元件的安装位置整齐、匀称，元件之间的距离合理，便于元件的更换；紧固元件时要用力均匀，紧固程度要适当。

（4）连接主电路。

（5）连接控制电路。

2. 板前布线工艺要求

（1）布线通道尽可能少，同路并行导线按主电路、控制电路分类集中，单层密排，紧贴安装面布线。

（2）布线要横平竖直，分布均匀。变换走向时应垂直。

（3）同一平面的导线应高低一致或前后一致，不能交叉。非交叉不可时，此根导线应在接线端子引出时就水平架空跨越，但必须走线合理。

（4）布线时严禁损伤线芯和导线绝缘。

（5）布线顺序一般以接触器为中心，由里向外，由低到高，先控制电路后主电路进行，以不妨碍后续布线为原则。

（6）导线与接线端子或接线桩连接时，不得压绝缘层、不反圈、不露铜过长。

（7）同一元件、同一回路的不同接点的导线间距离应保持一致。

（8）一个电器元件接线端子上的连接导线不得多于两根，每节接线端子板上的连接导线一般只允许连接一根。

三、检测线路

安装完毕的控制电路板必须经过认真检查以后，才允许通电试车，以防止错接、漏接造成不能正常运转或短路事故。

1. 主电路检测

万用表检测主电路。将万用表两表笔接在 FU1 输入端至电动机星形连接中性点之间，分别测量 U 相、V 相、W 相在接触器不动作时的直流电阻，读数应为"8"；

用螺丝刀将接触器的触点系统按下,再次测量三相的直流电阻,读数应为每相定子绕组的直流电阻。根据所测数据判断主电路是否正常。

2. 控制电路检测

万用表检测控制电路。将万用表两表笔分别搭在 FU2 两输入端,读数应为"8"。

(1) 按下起动按钮 SB2 时,读数应为接触器线圈的支流电阻。根据所测数据判断控制电路是否正常。

(2) 用螺丝刀将接触器 KM 的触点系统按下,读数应为接触器线圈的支流电阻。根据所测数据判断控制电路是否正常。

三相异步电动机直接起动电路的检测

四、通电试车

通电试车必须征得教师同意,并由教师接通三相电源,同时在现场监护。

(1) 合上电源开关 QS,用试电笔检查熔断器出线端,氖管亮说明电源接通。

(2) 按下 SB2,电动机起动连续正转,观察电动机运行是否正常,若有异常现象应马上停车。

(3) 出现故障后,学生应独立进行检修;若需带电进行检查,教师必须在现场监护。检修完毕后,如需再次试车,也应有教师监护,并做好记录。

(4) 按下 SB1,电动机停止,观察电动机是否停止,若有异常现象应马上停车。

(5) 切断电源,先拆除三相电源线,再拆除电动机线。

五、设置故障

教师人为设置故障通电运行,同学们观察故障现象,并记录在表 5-11 中。

表 5-11　　　　　　　电动机直接起动控制电路故障设置情况统计

故障设置元件	故障点	故　障　现　象

任务评价

教师对任务评价进行分析,并将结果记录在表 5-12 中。

表 5-12　　　　　　　　任 务 评 价 结 果

序号	考核内容与要求			考核情况记录	得分
1	螺丝压线工艺 (20分)	要求	接线端头牢固		
		扣分	有一处端子不牢固扣5分,扣完为止		
2	一次线路接线工艺 (10分)	要求	接头裸露不超过5mm		
			弧度一致		
			工艺美观		
		扣分	有一处不合格扣3分,扣完为止		

续表

序号	考核内容与要求			考核情况记录	得分
3	二次线路接线工艺（50分）	要求	端子接头无导线裸露		
			每个端子压线不超过2根		
			线型弧度一致		
			工艺美观		
		扣分	有一处不合格扣3分，扣完为止		
4	尼龙扎带捆扎工艺（10分）	要求	尼龙塑料扎带捆扎线松紧要适度		
			两个尼龙塑料扎带之间距离要适中		
			尼龙捆扎线尾线长度要适中		
		扣分	有一处不合格扣2分，扣完为止		
5	文明生产（10分）	要求	操作场地卫生清理		
			工具摆放整齐		
		扣分	有一项不合格扣2分，扣完为止		
总得分					

任务3 三相异步电动机正反转控制线路

任务目标

（1）通过学习，了解三相异步电动机正反转控制电路的工作原理。

（2）能正确识读和绘制三相异步电动机正反转控制电路的原理图。

（3）能正确进行三相异步电动机正反转控制电路的安装及检修。

任务描述

机床设备在正常工作时，一部分机床需要利用开关直接控制电动机正反转运行，为了实现功能，利用三相异步电动机正反转控制电路。

任务实施

一、电路原理图

二、安装线路

1. 安装线路步骤

（1）识读三相异步电动机直接起动控制电路（图5-36），明确电路中所用电器元件及作用，熟悉电路的工作原理。

按照如图5-36所示的电路原理图配齐所需元件，将元件型号规格质量检查情况记录在表5-13中。

（2）在事先准备好的配电板上，布置元器件。

（3）工艺要求：各元件的安装位置整齐、匀称，元件之间的距离合理，便于元件的更换；紧固元件时要用力均匀，紧固程度要适当。

三相异步电动机正反转控制原理

164

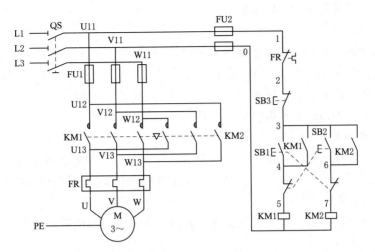

图 5-36 三相异步电动机正反转电路原理

表 5-13   接触器联锁正反转控制电路实训所需器件清单

元件名称	型号	规格	数量	是否可用

（4）连接主电路。

（5）连接控制电路。

2. 板前布线工艺要求

（1）布线通道尽可能少，同路并行导线按主电路、控制电路分类集中，单层密排，紧贴安装面布线。

（2）布线要横平竖直，分布均匀。变换走向时应垂直。

（3）同一平面的导线应高低一致或前后一致，不能交叉。非交叉不可时，此根导线应在接线端子引出时就水平架空跨越，但必须走线合理。

（4）布线时严禁损伤线芯和导线绝缘。

（5）布线顺序一般以接触器为中心，由里向外，由低到高，先控制电路后主电路进行，以不妨碍后续布线为原则。

（6）导线与接线端子或接线桩连接时，不得压绝缘层、不反圈、不露铜过长。

（7）同一元件、同一回路的不同接点的导线间距离应保持一致。

（8）一个电器元件接线端子上的连接导线不得多于两根，每节接线端子板上的连接导线一般只允许连接一根。

三、检测线路

安装完毕的控制电路板必须经过认真检查以后，才允许通电试车，以防止错接、漏接造成不能正常运转或短路事故。

1. 主电路检测

万用表检测主电路。将万用表两表笔接在 FU1 输入端至电动机星形连接中性点之间，分别测量 U 相、V 相、W 相在接触器不动作时的直流电阻，读数应为"8"；用螺丝刀将接触器的触点系统按下，再次测量三相的直流电阻，读数应为每相定子绕组的直流电阻。根据所测数据判断主电路是否正常。

2. 控制电路检测

万用表检测控制电路。将万用表两表笔分别搭在 FU2 两输入端，读数应为"8"。

（1）按下正转按钮 SB1 时，读数应为接触器线圈的支流电阻。根据所测数据判断控制电路是否正常。

（2）按下反转按钮 SB2 时，读数应为接触器线圈的支流电阻。根据所测数据判断控制电路是否正常。

（3）用螺丝刀将接触器 KM1 的触点系统按下，读数应为接触器线圈的支流电阻。根据所测数据判断控制电路是否正常。

（4）用螺丝刀将接触器 KM2 的触点系统按下，读数应为接触器线圈的支流电阻。根据所测数据判断控制电路是否正常。

四、通电试车

通电试车必须征得教师同意，并由教师接通三相电源，同时在现场监护。

（1）合上电源开关 QS，用试电笔检查熔断器出线端，氖管亮说明电源接通。

（2）按下 SB1，电动机起动连续正转，观察电动机运行是否正常，若有异常现象应马上停车。

（3）按下 SB2，电动机起动连续反转，观察电动机运行是否正常，若有异常现象应马上停车。

（4）出现故障后，学生应独立进行检修；若需带电进行检查，教师必须在现场监护。检修完毕后，如需再次试车，也应有教师监护，并做好记录。

（5）按下 SB3，电动机停止，观察电动机是否停止，若有异常现象应马上停车。

（6）切断电源，先拆除三相电源线，再拆除电动机线。

五、设置故障

教师人为设置故障通电运行，同学们观察故障现象，并记录在表 5-14 中。

表 5-14　　　　　　　　　　电动机正反转控制电路故障设置情况统计

故障设置元件	故障点	故　障　现　象

任务评价

教师对任务进行评价，并将结果记录于表 5-15 中。

表 5-15   任 务 评 价 结 果

序号	考核内容与要求			考核情况记录	得分
1	螺丝压线工艺（20分）	要求	接线端头牢固		
		扣分	有一处端子不牢固扣 5 分，扣完为止		
2	一次线路接线工艺（10分）	要求	接头裸露不超过 5mm		
			弧度一致		
			工艺美观		
		扣分	有一处不合格扣 3 分，扣完为止		
3	二次线路接线工艺（50分）	要求	端子接头无导线裸露		
			每个端子压线不超过 2 根		
			线型弧度一致		
			工艺美观		
		扣分	有一处不合格扣 3 分，扣完为止		
4	尼龙扎带捆扎工艺（10分）	要求	尼龙塑料扎带捆扎线松紧要适度		
			两个尼龙塑料扎带之间距离要适中		
			尼龙捆扎线尾线长度要适中		
		扣分	有一处不合格扣 2 分，扣完为止		
5	文明生产（10分）	要求	操作场地卫生清理		
			工具摆放整齐		
		扣分	有一项不合格扣 2 分，扣完为止		
总得分					

任务 4   三相异步电动机顺序控制

任务目标

（1）通过学习，了解三相异步电动机顺序控制电路的工作原理。

（2）能正确识读和绘制三相异步电动机顺序控制电路的原理图。

（3）能正确进行三相异步电动机顺序控制电路的安装及检修。

任务描述

在装有多台电动机的生产机械上，各电动机所起的作用是不同的，有时需按一定的顺序起动或停止，才能保证操作过程的合理和工作的安全可靠。例如：X62W 型万能机床上要求主轴电动机起动后，进给电动机才能起动；M7120 型平面磨床的冷却泵电动机，要求当砂轮电动机起动后才能起动。

任务实施

一、电路原理图

二、安装线路

1. 安装线路步骤

（1）识读三相笼型异步电动机顺序控制电路（图5-37），明确电路中所用电器元件及作用，熟悉电路的工作原理。

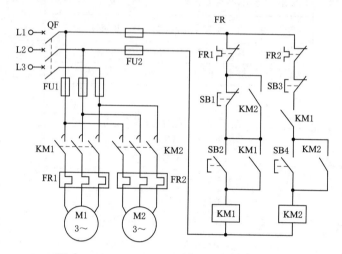

图5-37 三相异步电动机顺序控制电路原理

按照图5-37所示的电路原理图配齐所需元件，将元件型号规格质量检查情况记录在表5-16中。

表5-16 三相笼型异步电动机顺序控制电路实训所需器件清单

元件名称	型号	规格	数量	是否可用

（2）在事先准备好的配电板上，布置元器件。

（3）工艺要求：各元件的安装位置整齐、匀称，元件之间的距离合理，便于元件的更换；紧固元件时要用力均匀，紧固程度要适当。

（4）连接主电路。

（5）连接控制电路。

2. 板前布线工艺要求

（1）布线通道尽可能少，同路并行导线按主电路、控制电路分类集中，单层密排，紧贴安装面布线。

（2）布线要横平竖直，分布均匀。变换走向时应垂直。

（3）同一平面的导线应高低一致或前后一致，不能交叉。非交叉不可时，此根导线应在接线端子引出时就水平架空跨越，但必须走线合理。

（4）布线时严禁损伤线芯和导线绝缘。

（5）布线顺序一般以接触器为中心，由里向外，由低到高，先控制电路后主电路进行，以不妨碍后续布线为原则。

（6）导线与接线端子或接线桩连接时，不得压绝缘层、不反圈、不露铜过长。

（7）同一元件、同一回路的不同接点的导线间距离应保持一致。

（8）一个电器元件接线端子上的连接导线不得多于两根，每节接线端子板上的连接导线一般只允许连接一根。

三、检测线路

安装完毕的控制电路板必须经过认真检查以后，才允许通电试车，以防止错接、漏接造成不能正常运转或短路事故。

1. 主电路检测

万用表检测主电路。将万用表两表笔接在 FU1 输入端至电动机星形连接中性点之间，分别测量 U 相、V 相、W 相在接触器不动作时的直流电阻，读数应为"∞"；用螺丝刀将接触器的触点系统按下，再次测量三相的直流电阻，读数应为每相定子绕组的直流电阻。根据所测数据判断主电路是否正常。

2. 主电路实现顺序控制电路检测

万用表检测控制电路。将万用表两表笔分别搭在 FU2 两输入端，读数应为"∞"。

（1）按下起动按钮 SB2 时，读数应为接触器线圈的支流电阻。根据所测数据判断控制电路是否正常。

（2）按下起动按钮 SB4 时，读数应为接触器线圈的支流电阻。根据所测数据判断控制电路是否正常。

（3）用螺丝刀将接触器 KM1 的触点系统按下，读数应为接触器线圈的支流电阻。根据所测数据判断控制电路是否正常。

（4）用螺丝刀将接触器 KM2 的触点系统按下，读数应为接触器线圈的支流电阻。根据所测数据判断控制电路是否正常。

3. 控制电路实现顺序控制电路检测

（1）按下起动按钮 SB2，同时用螺丝刀将接触器 KM1 的触点系统按下，读数应为接触器线圈的支流电阻。根据所测数据判断控制电路是否正常。

（2）按下起动按钮 SB4 时，同时用螺丝刀将接触器 KM1 和 KM2 的触点系统按下，读数应为接触器线圈的支流电阻。根据所测数据判断控制电路是否正常。

四、通电试车

通电试车必须征得教师同意，并由教师接通三相电源，同时在现场监护。

（1）合上电源开关 QS，用试电笔检查熔断器出线端，氖管亮说明电源接通。

（2）按下 SB2，电动机 M1 起动连续运转，观察电动机运行是否正常，若有异常现象应马上停车。

（3）按下 SB4，电动机 M2 起动连续运转，观察电动机运行是否正常，若有异常现象应马上停车。

（4）首先按下 SB4，观察电动机 M2 是否运行，若有异常现象应马上停车。

（5）出现故障后，学生应独立进行检修；若需带电进行检查，教师必须在现场监护。检修完毕后，如需再次试车，也应有教师监护，并做好时间记录。

（6）按下 SB3，电动机 M2 停止，观察电动机是否停止，若有异常现象应马上停车。

（7）按下 SB1，电动机 M1 停止，观察电动机运行是否停止，若有异常现象应马上停车。

（8）按下 SB1，观察电动机 M1/M2 是否停止，若有异常现象应马上停车。

（9）切断电源，先拆除三相电源线，再拆除电动机线。

五、设置故障

教师人为设置故障通电运行，同学们观察故障现象，并记录在表 5 - 17 中。

表 5 - 17　　　　　三相笼型异步电动机顺序控制电路故障设置情况统计

故障设置元件	故障点	故 障 现 象

任务评价

教师对任务进行评价，并将结果记录于表 5 - 18 中。

表 5 - 18　　　　　　　任 务 评 价 结 果

序号	考核内容与要求			考核情况记录	得分
1	螺丝压线工艺（20分）	要求	接线端头牢固		
		扣分	有一处端子不牢固扣 5 分，扣完为止		
2	一次线路接线工艺（10分）	要求	接头裸露不超过 5mm		
			弧度一致		
			工艺美观		
		扣分	有一处不合格扣 3 分，扣完为止		
3	二次线路接线工艺（50分）	要求	端子接头无导线裸露		
			每个端子压线不超过 2 根		
			线型弧度一致		
			工艺美观		
		扣分	有一处不合格扣 3 分，扣完为止		

续表

序号	考核内容与要求			考核 情况记录	得分
4	尼龙扎带 捆扎工艺 （10 分）	要求	尼龙塑料扎带捆扎线松紧要适度		
			两个尼龙塑料扎带之间距离要适中		
			尼龙捆扎线尾线长度要适中		
		扣分	有一处不合格扣 2 分，扣完为止		
5	文明生产 （10 分）	要求	操作场地卫生清理		
			工具摆放整齐		
		扣分	有一项不合格扣 2 分，扣完为止		
总得分					

任务 5　三相异步电动机多地控制

任务目标

（1）通过学习，了解三相异步电动机多地控制电路的工作原理。

（2）能正确识读和绘制三相异步电动机多地控制电路的原理图。

（3）能正确进行三相异步电动机多地控制电路的安装及检修。

任务描述

某些机床设备在正常工作时，需要异地对其控制运行方式。为了达到控制要求，必须采用多地控制电路。

任务实施

一、电路原理图

二、安装线路

1. 安装线路步骤

（1）识读三相异步电动机多地控制电路（图 5-38），明确电路中所用电器元件及作用，熟悉电路的工作原理。

按照如图 5-38 所示的电路原理图配齐所需元件，将元件型号规格质量检查情况记录在表 5-19 中。

表 5-19　　　　三相异步电动机多地控制电路实训所需器件清单

元件名称	型号	规格	数量	是否可用

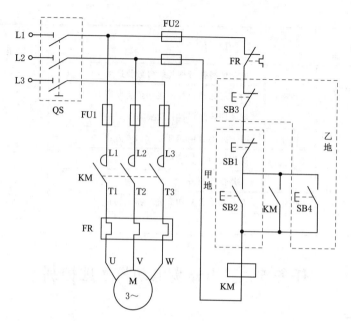

图 5-38　三相异步电动机多地控制电路原理

（2）在事先准备好的配电板上，布置元器件。

（3）工艺要求：各元件的安装位置整齐、匀称，元件之间的距离合理，便于元件的更换；紧固元件时要用力均匀，紧固程度要适当。

（4）连接主电路。

（5）连接控制电路。

2. 板前布线工艺要求

（1）布线通道尽可能少，同路并行导线按主电路、控制电路分类集中，单层密排，紧贴安装面布线。

（2）布线要横平竖直，分布均匀。变换走向时应垂直。

（3）同一平面的导线应高低一致或前后一致，不能交叉。非交叉不可时，此根导线应在接线端子引出时就水平架空跨越，但必须走线合理。

（4）布线时严禁损伤线芯和导线绝缘。

（5）布线顺序一般以接触器为中心，由里向外，由低到高，先控制电路后主电路进行，以不妨碍后续布线为原则。

（6）导线与接线端子或接线桩连接时，不得压绝缘层、不反圈、不露铜过长。

（7）同一元件、同一回路的不同接点的导线间距离应保持一致。

（8）一个电器元件接线端子上的连接导线不得多于两根，每节接线端子板上的连接导线一般只允许连接一根。

三、检测线路

安装完毕的控制电路板必须经过认真检查以后，才允许通电试车，以防止错接、漏接造成不能正常运转或短路事故。

1. 主电路检测

万用表检测主电路。将万用表两表笔接在 FU1 输入端至电动机星形连接中性点之间，分别测量 U 相、V 相、W 相在接触器不动作时的直流电阻，读数应为"co"；用螺丝刀将接触器的触点系统按下，再次测量三相的直流电阻，读数应为每相定子绕组的直流电阻。根据所测数据判断主电路是否正常。

2. 控制电路检测

万用表检测控制电路。将万用表两表笔分别搭在 FU2 两输入端，读数应为"8"。

（1）按下起动按钮 SB2 时，读数应为接触器线圈的支流电阻。根据所测数据判断控制电路是否正常。

（2）按下起动按钮 SB4 时，读数应为接触器线圈的支流电阻。根据所测数据判断控制电路是否正常。

（3）用螺丝刀将接触器的触点系统按下，读数应为接触器线圈的支流电阻。根据所测数据判断控制电路是否正常。

四、通电试车

通电试车必须征得教师同意，并由教师接通三相电源，同时在现场监护。

（1）合上电源开关 QS，用试电笔检查熔断器出线端，氖管亮说明电源接通。

（2）按下 SB2，电动机得电连续运转，观察电动机运行是否正常，若有异常现象应马上停车。

（3）按下 SB1，电动机失电停止运转，观察电动机停止是否正常，若有异常现象应马上停车。

（4）按下 SB4，电动机得电连续运转，观察电动机运行是否正常，若有异常现象应马上停车。

（5）按下 SB3，电动机失电停止运转，观察电动机停止是否正常，若有异常现象应马上停车。

（6）出现故障后，学生应独立进行检修；若需带电进行检查，教师必须在现场监护。检修完毕后，如需再次试车，也应有教师监护，并做好记录。

（7）按下 SB1 或 SB4，切断电源，先拆除三相电源线，再拆除电动机线。

五、设置故障

教师人为设置故障通电运行，同学们观察故障现象，并记录在表 5-20 中。

表 5-20　　　　　三相异步电动机多地控制电路故障设置情况统计

故障设置元件	故障点	故 障 现 象

任务评价

教师对任务进行评价，并将结果记录于表 5－21 中。

表 5－21   任 务 评 价 结 果

序号	考核内容与要求			考核情况记录	得分
1	螺丝压线工艺（20分）	要求	接线端头牢固		
		扣分	有一处端子不牢固扣5分，扣完为止		
2	一次线路接线工艺（10分）	要求	接头裸露不超过5mm		
			弧度一致		
			工艺美观		
		扣分	有一处不合格扣3分，扣完为止		
3	二次线路接线工艺（50分）	要求	端子接头无导线裸露		
			每个端子压线不超过2根		
			线型弧度一致		
			工艺美观		
		扣分	有一处不合格扣3分，扣完为止		
4	尼龙扎带捆扎工艺（10分）	要求	尼龙塑料扎带捆扎线松紧要适度		
			两个尼龙塑料扎带之间距离要适中		
			尼龙捆扎线尾线长度要适中		
		扣分	有一处不合格扣2分，扣完为止		
5	文明生产（10分）	要求	操作场地卫生清理		
			工具摆放整齐		
		扣分	有一项不合格扣2分，扣完为止		
总得分					

参 考 文 献

［1］　汤素丽，孙宏伟，赵凤. 电机及电力拖动项目教程［M］. 北京：中国电力出版社，2021.

［2］　杜伟伟，冯邦军. 电机与电气控制［M］. 北京：化学工业出版社，2021.

［3］　戈宝军，梁艳萍，陶大军. 电机学［M］. 北京：高等教育出版社，2020.

［4］　唐介，刘娆. 电机与拖动［M］. 4 版. 北京：高等教育出版社，2019.

［5］　朱毅，林梅芬，段正忠. 电机与拖动控制［M］. 郑州：黄河水利出版社，2019.

［6］　莫莉萍，白颖. 电机与拖动基础项目化教程［M］. 北京：电子工业出版社，2018.

［7］　何素娟，刘韵. 电机与电气控制技术［M］. 长春：吉林大学出版社，2018.

［8］　汤天浩. 电机与拖动基础［M］. 北京：机械工业出版社，2017.

［9］　谷中平，王泰华. 电机及拖动基础［M］. 长春：吉林大学出版社，2016.

［10］　刘景峰. 电机与拖动基础［M］. 北京：中国电力出版社，2016.

［11］　刘根润，隋青松，丁桂斌. 工厂电气设备控制［M］. 北京：国防工业出版社，2014.

［12］　李庭贵，梁杰. 电机与拖动项目化教程［M］. 合肥：合肥工业大学出版社，2013.

［13］　张晓娟. 工厂电气控制设备［M］. 北京：电子工业出版社，2012.

［14］　胡淑珍. 电机及拖动技术［M］. 北京：冶金工业出版社，2011.

［15］　王晓敏，段正忠. 电机与拖动［M］. 郑州：黄河水利出版社，2008.